彩图 1　短吻铲夹螠

彩图 2　绛体管口螠

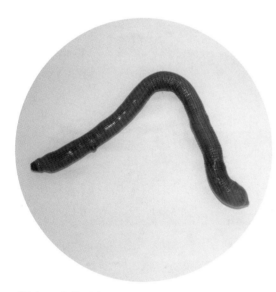

彩图 3　方格星虫

彩图 4　海仙人掌

彩图 5　吸水和排水后的单环刺螠个体对比

A

B

口　咽　食道　嗉囊　砂囊　胃　副肠　肛门囊　泄殖腔　刚毛

螺旋体　肾管　体壁　中肠　呼吸肠　腹神经索　固肠肌　直肠　肛门

彩图 6　单环刺螠的内部结构与示意图

A. 沿背部中线切开图；B. 内脏结构示意图（仿李凤鲁等，1994）

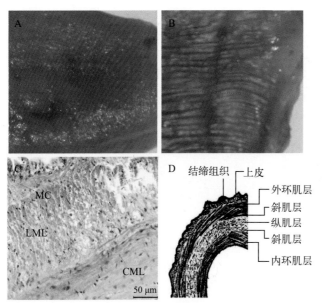

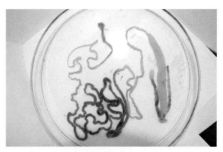

彩图 8　单环刺螠的消化系统

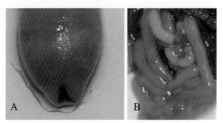

彩图 7　单环刺螠体壁及结构示意图
A.体壁外侧；B.体壁内侧；C.体壁显微照片；D.体壁结构示意图。其中，MC：黏液细胞；LML：纵肌层；CML：环肌层

彩图 9　单环刺螠的肾孔与肾管
A.吻部与肾孔；B.肾管（雄性）

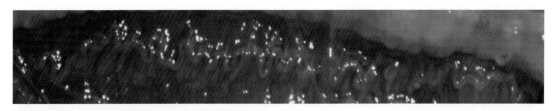

彩图 10　单环刺螠的腹神经索

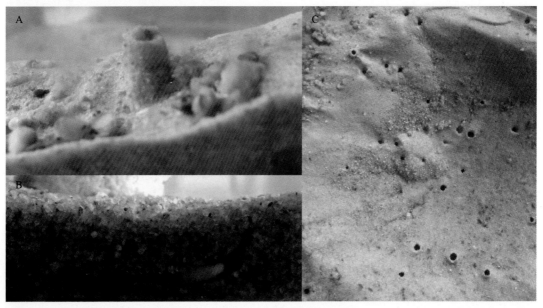

彩图 11　单环刺螠的海底洞穴观察
A.烟囱状洞口；B.洞穴内部图；C.洞穴外部图

彩图 12　种肠的选择

彩图 13　单环刺螠（海肠）精卵的自然采集

彩图 14　单环刺螠精（白色）、卵（黄色）的人工采集

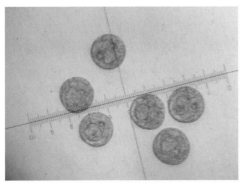
彩图 15　受精卵孵化（原肠胚期）

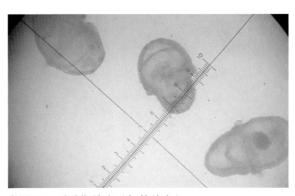
彩图 16　浮游期幼虫（担轮幼虫）

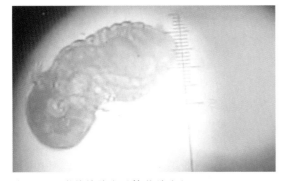
彩图 17　附着前幼虫（体节幼虫）

彩图 18　稚螠

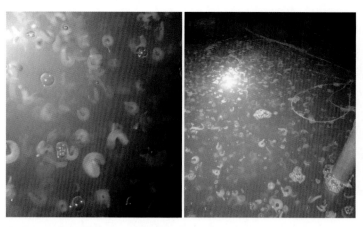

彩图 19　单环刺螠工厂化养殖中的"浮苗"现象

彩图 20　实验中单个体死亡导致
　　　　水质恶化

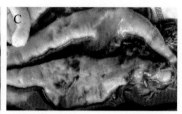

彩图 21　单环刺螠的自溶现象
A. 正常的个体；B. 发生内脏泄露的个体；C. 体壁发生溶解的个体

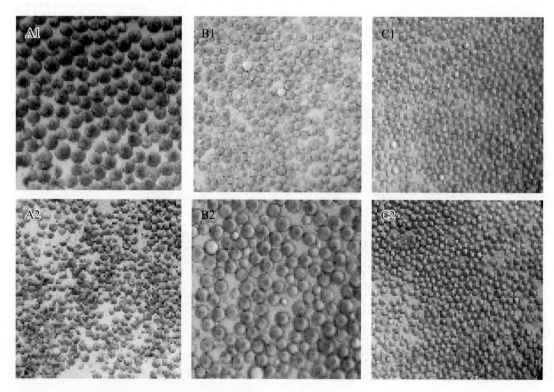

彩图 22　单环刺螠几种体腔液细胞的原代培养
数字 1，2 代表体外培养第 2 d 和第 5 d；A. L-15N 培养；B. MEM 培养；C. 改良 DMEM 培养

单环刺螠（海肠）育苗、养殖与开发

焦绪栋　著

海洋出版社

2021年·北京

图书在版编目（CIP）数据

单环刺螠（海肠）育苗、养殖与开发 / 焦绪栋著.
— 北京：海洋出版社, 2021.9
ISBN 978-7-5210-0809-8

Ⅰ.①单… Ⅱ.①焦… Ⅲ.①螠虫－海水养殖 Ⅳ.
①S968.9

中国版本图书馆CIP数据核字(2021)第173398号

责任编辑：杨　明
责任印制：安　淼

海洋出版社 出版发行
http://www.oceanpress.com.cn
北京市海淀区大慧寺路 8 号　　邮编：100081
廊坊一二〇六印刷厂印刷　　新华书店北京发行所经销
2021年9月第1版　　2021年9月第1次印刷
开本：787mm×1092mm　　1 / 16　　印张：8.25
字数：213千字　　定价：68.00元
发行部：010-62100090　　邮购部：010-62100072　　总编室：010-62100034
海洋版图书印、装错误可随时退换

前　言

　　单环刺螠（*Urechis unicinctus*）是一种具有较高营养保健和开发利用价值的海洋生物。国内俗称为海肠、海鸡子，国外多称之为"中国阴茎鱼"（Chinese penis fish）、勺虫（spoon worm）、看护虫（innkeeper worm）等。

　　从分类上讲，单环刺螠属螠门、螠纲、无管螠目、刺螠科、刺螠属。是一种生活于潮间带及潮间带下区数米深的泥、沙质海底，营穴居生活的滤食性海洋无脊椎动物。在世界范围内主要集中分布于日本本州、北海道、朝鲜半岛、俄罗斯远东海区和我国黄渤海沿岸。其中，我国黄渤海沿岸的烟台、威海、潍坊、大连、秦皇岛等海域为其主要天然产地。

　　单环刺螠营养丰富，自古以来就是有名的海珍品之一。也是胶东地区百姓餐桌上常见的海鲜食材。以单环刺螠制备的胶东菜肴包括"韭菜炒海肠""蒜蓉海肠""麻辣海肠""海肠饺子"等，无一不味道鲜美、脆爽可口，广为人们喜爱。"烟台海肠""大连海肠"等也受到人们追捧，每年均有诸多游客慕名而来品尝。

　　科学研究发现，单环刺螠体内含有多种抗菌、抗炎、抗氧化、抗凝血、抑制血栓、抗肿瘤等功能的生物活性物质，在食品、保健品、特殊医用食品、化妆品、医用材料等领域具有良好的应用开发前景。

　　但由于近年来的过度捕捞，以及近岸海洋环境的污染等导致野生的单环刺螠资源已显不足。开展人工育苗和养殖是保护自然生物资源，实施资源可持续利用的必由之路。随着单环刺螠人工育苗和养殖技术的日趋成熟，渤海沿岸的许多地区已经成立了专业的育苗和养殖公司。单环刺螠养殖有望成为我国北方沿海海水养殖产业新的增长点。

　　随着人们对单环刺螠重视程度的逐渐提升，关于其研究的文献报道也日益增多。同时我们也发现许多相关从业者，甚至一些研究者，对单环刺螠的生物学特性和开发价值模糊不清，限制和影响了对其的研究和开发。

　　本书基于作者多年来的研究基础和工作经验，结合目前已发表的文章、专著等，从单环刺螠的基础生物学说起，系统介绍了目前关于单环刺螠的科学认知和开展人工育苗养殖、加工利用的现状。可为从事单环刺螠生物学研究、实施人工育苗和养殖提供所需的经验和帮助。也可为开展单环刺螠的加工利用提供方向指引。

本书的出版，得到了中国科学院烟台海岸带研究所杨红生副所长、秦松研究员的鼓励和支持。编写过程中，获得烟台市海洋经济研究院王力勇老师，烟台大学唐永政、刘晓玲老师，中国科学院海洋研究所张健、吴旭文师弟等的帮助，研究生黄栋也积极参与了相关文献的梳理和汇总。书中的图片多采自山东蓝色海洋科技股份有限公司、莱州市顺昌水产有限公司、中科肽谷（山东）生命科学研究有限公司等相关企业，在此一并致谢。

我们真诚地希望，此书的出版发行能够有利于单环刺螠育养和加工产业的发展，也能够促进和指导相关领域的研究工作。

书成搁笔，虽稍有慰藉，但亦深知目前知识更新与迭代日新月异，实诚惶诚恐。不足之处，恳请各位读者和同行不吝赐教，批评指正！

著者

2020年6月

目　录

第一章 总 论

蛏是一种主要生活于潮间带及深海大洋底部的无脊椎动物。据统计，全世界目前已发现的有190多种，我国沿海已查明有分布11种。关于蛏虫动物的起源和进化存在一些争议，可简单认为其是一种体节发生退化的类环节动物。

单环刺蛏（*Urechis unicinctus*），又称单环棘蛏，俗称海肠、海肠子、海鸡子。在国外的一些比较早的文献报道中，也称之为中国阴茎鱼（Chinese penis fish）。目前，国外文献中常称之为"匙虫"（spoon worm）或"看护虫"（innkeeper worm）。属蛏门（Echiura）、无管蛏目（Xenopneusta）、刺蛏科（Urechidae）、刺蛏属（*Urechis*）。主要分布于俄罗斯、日本本州和北海道、朝鲜半岛和我国黄渤海沿海地区。是我国北部沿海泥沙海岸潮间带及潮下带浅水区习见的底栖无脊椎动物。

作为我国北方沿海常见的一种可食用的蛏，单环刺蛏的生物学特征及生理生态习性广受关注。随着人工繁育和养殖技术的突破，我国的单环刺蛏产业正在逐步完善，有望形成海水养殖新品种。

第一节 蛏的分类

蛏属真体腔原口动物，是动物界的一个小门。国外文献中常称之为"匙虫"或"看护虫"。目前全世界发现的约有190种，可分为3目4科32属。已发现的种类中，除极个别种生活于半咸水环境外，其余皆为海生。（Biseswar R, 2012; Tilic E et al., 2015; Goto R et al., 2020）

蛏广泛分布在世界各地海洋中。从潮间带区域到万余米深的深海海沟、从热带、温带到极地海域均有发现。目前发现的种类大多集中在温带海域及沿岸。除幼虫期外，蛏虫动物主要生活于海底泥沙、岩石缝隙及珊瑚礁、或腹足类或贝类的空壳中。(Hughes D J et al., 1996; Biseswar R, 1997, 2009, 2012, 2015, 2019; Tanaka M et al., 2013; Maiorova A S et al., 2018)

蛏的身体外观多种多样。身体大体呈圆柱状或长囊状，可分为吻和躯干两部分。其中吻部不能缩入体腔内，躯干不分节。体长从数毫米到40~50 cm。吻部长短不一，有些种的吻部可长达2 m左右。体表颜色多样，多呈淡灰色、褐色、绿色、粉红色、红褐色、黑褐色等。（Young C M et al., 2002; Lehrke J et al., 2009）

一、螠的分类

螠虫动物的研究起始于18世纪初。1766年，Pallas等最先报道了两种螠虫。此后一段时间内，研究者一直将螠虫类与星虫类生物统称为桥虫（Gephyrea）。1898年，英国动物学家Sedgwick把螠虫动物从桥虫类中分出，作为环节动物门的一个纲。1940年Newby等主张将该纲提至螠虫动物门。1972年，Stephen和Edmonds在总结前人研究成果的基础上，出版了专著《星虫动物门和螠虫动物门》，较为详细描述了当时发现的来源于世界各地螠虫动物共36属129种（表1-1）及各螠目的主要形态特点（表1-2和图1-1），从而形成了螠门相对完整的分类系统。

虽然螠虫动物的分类系统已明确，但仍存在一定争议（Franzen A et al., 1992; René H et al., 2002; Bourlat S J et al., 2008）。特别是随着分子生物学和组学大数据分析技术的不断进步，越来越多的证据支持对其分类和进化地位进一步修改完善的观点（Bartolomaeus T et al., 2005; Tanaka M et al., 2014; Goto R et al., 2013）。

部分国外研究者仍偏向于将螠虫动物作为附纲归属于环节动物门（Hessling R, 2003; Rousset V et al., 2007; Struck T H et al., 2007; Bourlat S J et al., 2008; Andreas H et al., 2009）。如海洋动物分类网站（World Register of Marine Species, http://www.marinespecies.org）上仍按照1898年Sedgwick设立的方法，将螠虫动物归属于环节动物门多毛纲的亚纲。

国内研究者普遍认可将螠虫动物门作为独立的门级分类阶元，与环节动物门、星虫动物门并列处理的方式。关于我国境内螠虫类生物最早的报道可追溯到1883年。我国最早开展螠类研究的学者主要有陈义、叶正昌、李凤鲁、李诺等。陈义等在1958年发表了《中国沿海桥虫类调查志略》。20世纪90年代，周红、李凤鲁和王玮等对我国沿海的螠虫动物进行了系统的采集和分析，编著有《中国动物志 无脊椎动物（第46卷）：星虫动物门 螠虫动物门》（周红等，2007），为后期的研究工作奠定了基础。

螠虫动物身体柔软，体内外没有任何骨骼支撑，因此较难被化石化。但作为造迹生物的螠虫类生物营造和生活其中的"U"形栖息管却可以保存下来。证明海生蠕虫生物存在的"潜穴"类"虫管化石""栖管化石"等海相痕迹化石（marine trace fossil）在古生代-中生代的地层中均有发现（Ekdale A A et al., 1991; Lehane J R et al., 2013）。对这类化石的研究，有助于明确螠虫动物的起源和进化时间。

表1-1 螠虫动物门的分类（参照 Stephen et Edmonds，1972）

螠虫动物门 Echiura（Sedgwick，1898）
螠目 Echiuroinea Bock，1942
螠科 Echiuridae de Blainville，1827
螠亚科 Echiurinae Monro，1927
螠属 *Echiurus* Guérin-Méneville，1831
绿螠亚科 Thalassematinae Monro，1927
绿螠属 *Thalassema* Lamarck，1801
管口螠属 *Ochetostoma* Leuckart et Rüppell，1828
铲夹螠属 *Listriolobus* Spengel，1912
单套吻螠属 *Anelassorhynchus* Annandale，1922
柔幔螠属 *Prashadus* Stephen et Edmonds，1927
无吻螠属 *Arhynchite* Sato，1937
池体螠属 *Ikedosoma* Bock，1942
平肌螠属 *Lissomyema* Fisher，1946
拟无吻螠属 *Paraarhynchite* Chen，1963
后螠科 Bonelliidae Baird，1868
后螠属 *Bonellia* Rolando，1821
钩螠属 *Hamingia* Danielssen et Koren，1881
原后螠属 *Protobonellia* Ikeda，1908
棘钩螠属 *Acanthohamingia* Ikeda，1911
肠后螠属 *Archibonellia* Fisher，1919
伪后螠属 *Pseudobonellia* Johnston et Tiegs，1919
池田螠属 *Ikedella* Monro，1927
斯拉特螠属 *Sluiterina* Monro，1927
班达螠属 *Bruunellia* Zenkevitch，1966
襟口螠属 *Choanostomellia* Zenkevitch，1964
真后螠属 *Eubonellia* Fisher，1946
米勒螠属 *Maxmuelleria* Bock，1942
眼后螠属 *Bonelliopsis* Fisher，1946
裂片螠属 *Nellobia* Fisher，1946
棘后螠属 *Acanthobonellia* Fisher，1948
软体螠属 *Amalosoma* Fisher，1948
普罗螠属 *Prometor* Fisher，1948

针状后螠属 *Achaetobonellia* Fisher，1953	
翼瘤体螠属 *Alomasoma* Zenkevitch，1958	
雅各布螠属 *Jakobia* Zenkevitch，1958	
阿留申螠属 *Vitjazema* Zenkevitch，1958	
膨吻螠属 *Torbenwolffia* Zenkevitch，1966	
锥柱后螠属 *Metabonellia* Stephen et Edmonds，1972	
无管螠目 Xenopneusta Fisher，1946	
棘螠科 Urechidae Fisher et MacGinitie，1928	
棘螠属 *Urechis* Seitz，1907	
异肌螠目 Heteromyota Fisher，1946	
多管螠科 Ikedaidae Dawydoff，1959	
多管螠属 *Ikeda* Wharton，1913	

表1-2　各螠目的主要形态特点（参照周红等，2007）

螠虫动物门	主要生物学特征
螠目 Echiuroinea Bock，1942	闭管式循环系统；具成对肾管；体壁结构由外至内顺序为环肌、纵肌、斜肌
无管螠目 Xenopneusta Fisher，1946	开管式循环系统；具成对肾管；体壁结构由外至内顺序为环肌、纵肌、斜肌；中肠后端特化为呼吸器官
异肌螠目 Heteromyota Fisher，1946	闭管式循环系统；肾管不成对，数量达200～400条；体壁结构由外至内顺序为纵肌、环肌、斜肌

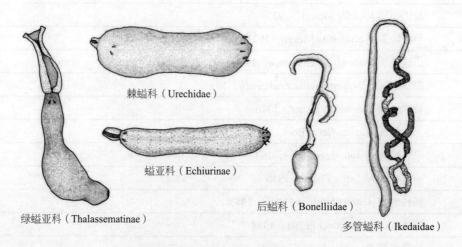

棘螠科（Urechidae）

螠亚科（Echiurinae）

绿螠亚科（Thalassematinae）

后螠科（Bonelliidae）

多管螠科（Ikedaidae）

图1-1　几种螠虫动物形态特点示意图（参照Goto R，2016，黄栋绘）

二、螠虫动物的起源与进化

关于螠虫动物的起源，一般认为其来自早期的多毛类祖先，是原始的多毛类生物在自然演化过程中较早分出，或是在出现分节之后再进化出的螠虫类动物这一支。

与环节动物类似，螠虫类动物在发育过程中也存在担轮幼虫阶段，同时在幼虫发育过程中还存在身体分节现象。而且两种动物的体壁结构相似，都有由β-几丁质构成的刚毛。目前普遍认为螠虫动物、星虫动物、环节动物共同起源于多毛纲，属于多毛纲的退化类型（表1-3）。也有人认为螠虫类动物是一种体节发育终止、始终保持幼体状态的环节动物。

与形态学分类的结果类似，目前不断扩展的分子生物学研究证据也支持螠虫动物起源于多毛类的假说。如吴志刚等利用全基因组测序技术，对来源于单环刺螠的线粒体基因组及其构成进行系统的生物信息学分析，基于基因排列顺序和相关基因氨基酸序列的系统进化关系分析显示，螠虫动物与环节动物的关系最为紧密（吴志刚，2009）。

表1-3 螠虫、环节、星虫动物的部分生物学特征比较（参考陈义，1959）

主要性状	螠虫动物门 Echiura	环节动物门 Annelida	星虫动物门 Sipuncula
生活区域	基本全海产	海陆皆有	全部海产
刚毛	1对腹刚毛，少数种具1~2圈尾刚毛	具刚毛	无刚毛
体前端	多具吻，且不能缩入躯干部	具口前叶	具口前叶
体壁肌	外环内纵肌或外纵内环肌	外环内纵肌	外环内纵肌
消化管	直形	直形	U形
循环系统	闭管或开管式	闭管式	闭管式
携氧色素	血红蛋白	血红蛋白 蚯红蛋白 血绿蛋白	蚯红蛋白
身体分节现象	仅幼虫发育中有	幼虫、成体皆具有	无
排泄系统	后肾（1对或多对） 肛门囊	后肾（多对）	后肾（1个或1对）
神经系统	无脑，具非链式腹神经索	具脑和链式腹神经索	具脑和非链式腹神经索

关于螠虫动物门中不同科属的进化关系研究中，2016年Goto R.利用三个核基因（18S、28S和H3）和两个线粒体基因（16S和COI），分析了螠虫动物门中5科19属49种的起源和进化关系。结果显示螠虫动物大体可分为两个分支：即性单型性类群（Echiuridae，Urechidae和Thalassatidae）和性双型性类群（Bonelliidae和Ikedidae）。其中Echiuridae和Urechidae、Ikedidae 和 Bonelliidae是姊妹群关系。并推测性双型性螠虫动物起源于浅水，并继而进入深海。矮小雄性的分化可能是对深海环境的一种适应。Thalassematidae和 Bonelliidae的栖息地分别发生了从软沉积物到硬底质的转移。并提出了一种新的Echiurans分类方法，其中Echiura由两个超科组成，即Echiuroidea（包括Echiuridae、Urechidae和Thalassematidae）和Bonellioidea（包括Bonelliidae和Ikedidae）（Goto R，2016）。

相信随着人们对海洋生物研究的逐步深入，关于螠虫动物起源和进化的关系认识亦会逐渐加深。

三、我国沿海的螠虫动物

在20世纪八九十年代，我国学者对采集自中国沿海的螠虫动物进行了系统整理。发现在我国境内分布的螠虫动物共有11种，分属于2目，2科，8属（表1-4）。并鉴定出2个新种（王玮等，1995）。

较为可惜的是，随后很长一段时间，我国螠虫动物的分类研究近乎停滞。截至目前，尚未见到有学者进行相关类别的系统分析报道。而延续至今的这四五十年间，恰是海岸带区域经济发展最为活跃的阶段之一，人类活动导致的海岸带变迁及海洋环境的变化，势必会对我国沿海的螠虫生物造成深远影响。一些原有自然种类的变化、迁移、消长等问题亟待解决。

基于技术的进步，人类对海洋探索的区域也由浅海逐步走向深海大洋。已知在深海海底存在诸多的螠虫生物，且许多属于目前尚未鉴定的种类（Biseswar R，2009，2015，2019；Maiorova A S et al.，2018，2020；Rogers A D et al.，1996；Popkov D V，1992）。我国对这方面的研究和认知尚未深入，也期待本书的出版能够引起相关部门和研究学者的重视。

表1-4 我国沿海螠虫动物的地理分布（摘自王玮等，1995）

序号	种名	中国沿海				西南太平洋	印度洋	东太平洋	大西洋
		渤海	黄海	东海	南海				
1	多皱无吻螠 *Arhynchite rugosum*		+						
2	六肾拟无吻螠 *Paraarhynchite hexorenale*					+			
3	短吻铲夹螠 *Listriolobus brevirostris*		+			+			
4	青岛池体螠 *Ikedosoma qingdaoense*		+						
5	绛体管口螠 *Ochetostoma erythrogrammon*			+	+	+	+		+
6	美丽管口螠 *Ochetostoma formosulum*				+	+	+		
7	那霸单套吻螠 *Anelassorhynchus inanensis*					+	+	+	
8	莎氏单套吻螠 *Anelassorhynchus sabinus*					+	+	+	
9	棕绿螠 *Thalassema fuscum*					+	+		
10	强壮绿螠 *Thalassema mortenseni*					+			
11	单环刺螠 *Urechis unicinctus*	+	+			?			

注：? 有报道称在西南太平洋发现，但基于其不耐高温的生物特性，存疑。

为方便相关的研究者、从业者以及相关行业者辨别，我们根据目前能够看到的文献、书籍中的具体描述，对我国沿海已鉴定的螠虫动物逐一做简要介绍。

1. 多皱无吻螠

多皱无吻螠（*Arhynchite rugosum*）（图1-2），螠目绿螠亚科无吻螠属。周红等发现于胶州湾地区。该属特点是多数无明显的吻部，或吻部细长如丝带、远端膨大呈扇状。身体呈圆筒状，两端略细，体壁外观呈深褐色，体壁较厚，呈肉红色。身体不透明，前段多褶皱。体长80～90 mm，宽20～25 mm。体表遍布颗粒状突起，两端较密集，背部颗粒稍大，腹部的较小而扁平。具棕黄色腹刚毛1对。

解剖发现其消化道长而曲折，约为体长20倍；末端膨大为排泄腔，腔前有一圆形的直肠盲囊，紧贴在肠的腹面。具肾管1对，壁薄而透明。封闭式循环系统，背血管较细，从口基部发出，下行后紧贴消化道。肠血管上行至背血管附近即沿腹神经索分为一前一后两支腹血管。肠血管与背血管间无环血管连接。

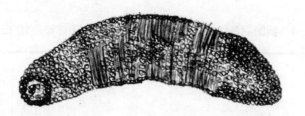

图1-2　多皱无吻螠（参照周红等，2007，黄栋绘制）

2. 六肾拟无吻螠

六肾拟无吻螠（*Paraarhynchite hexorenale*）（图1-3），螠目绿螠亚科无吻螠属。陈义等发现于海南岛。身体特点是无明显吻部，纵肌束条次分明［身体从前口往后（纵向）有明暗相间的规则条带］。身体呈圆筒状，略弯向腹面。肉红色，体壁薄。身体长约39 mm，宽12 mm，具12～15条纵肌束，每条宽约1 mm。表面遍布肉红色乳突，两端的粗大稠密，中部则小而分散。无尾刚毛。

解剖发现砂囊具多个"S"形扭转，直肠盲囊圆形。副肠前部棕色，粗而宽，后部乳白色，细而长。具肾管3对，壁薄而透明。封闭式循环系统，心脏位于胃背面，胃的下部由两条环血管合成肠血管，前行至腹刚毛处分为2支腹血管，1支较粗，向前达咽下方，1支较细，沿神经索后行止于直肠盲囊。

图1-3　六肾拟无吻螠及解剖图（参照周红等，2007，黄栋绘制）

3. 短吻铲夹螠

短吻铲夹螠（*Listriolobus brevirostris*）（图1-4，见彩图1），螠目绿螠亚科铲夹螠属。发现于胶州湾、连云港、海南岛等沿海。身体特点是吻部呈短铲状，纵肌束条次分明（有明暗相间的规则条带），身体呈浅紫红色或棕红色，体壁薄而半透明。体长25～35 mm，宽10～15 mm。呈圆筒状，前半部腹及侧面有近环形的皮肤乳突，后端及背面通常无。

解剖发现其具肾管2对，长而盘旋于体腔中，约为体长9倍。肛门囊黄褐色1对。封闭式循环系统，心脏膨大，位于胃部附近，背血管从吻基部沿食道背侧延伸，在胃部附近分为2支环血管，绕向腹面后前行合为肠血管，至间基肌处再分为二支，包绕间基肌后合二为一，至腹神经索处分为一前一后两支腹血管。

图1-4　短吻铲夹螠（刘劢伶摄）

4.青岛池体螠

青岛池体螠（*Ikedosoma qingdaoense*）（图1-5），螠目绿螠亚科池体螠属。该种为李凤鲁、周红等首次发现于青岛汇泉湾附近。身体特点是吻部发达，顶端不分叉，呈乳黄或黄绿色，约与身体等长；身体呈棕红、紫红或绿红色，体壁薄而半透明，具12条灰白色的纵肌束；体表遍布近似椭圆形的皮肤乳突，体腹面及末端的大而密集，背面的小而稀疏。

解剖发现其在腹神经索两侧有成对排列的肾管12簇，每簇有1～3个肾管，通常为2个；消化道长而迂回，约为体长的6倍。食道呈"S"形，肠道形成2个回环，无直肠盲囊。具封闭式循环系统，心脏膨大位于咽后部，背血管自吻部始至咽部分为2支血管并包绕咽部，环血管在第一对肾管处合为肠血管，前行又分为2支腹血管，较细一支沿腹神经索伸向体后，较粗一支向前通吻部。

图1-5　青岛池体螠（参照周红等，2007，黄栋绘制）

5. 绛体管口螠

绛体管口螠（*Ochetostoma erythrogrammon*）（图1-6，见彩图2），螠目绿螠亚科管口螠属。分布于海南、南海、香港等沿海。身体特点是吻发达，乳白或乳黄色，约与身体等长或略短，带状，顶端不分叉，边缘有收缩产生的皱褶。身体呈圆筒状，紫红色，具14～18条灰白色纵肌束。中部体壁较薄，半透明，两端体壁增厚，略尖，不透明。体表遍布皮肤乳突，体中部者小而分散，两端者粗大而稠密。无尾刚毛。

解剖发现其具肾管3对，排列于腹神经索两侧。体壁内层斜肌横跨纵肌束空隙，分束或分束不明显；肛门囊1对，长度超过体中部，浅褐色。封闭式循环系统，心脏位于胃部附近。环血管在近第二对肾管处合为肠血管。

图1-6　绛体管口螠（刘劭伶摄）

6. 美丽管口螠

美丽管口螠（*Ochetostoma formosulum*），螠目绿螠亚科管口螠属。Lampert在1883年发现于上海近岸，在印度、印度尼西亚、马尼拉等沿海有分布。身体特点与绛体管口螠类似。吻发达，约与身体等长或略短，带状，顶端不分叉，边缘有收缩产生的皱褶。身体呈圆筒状，紫红色，具7～8条灰白色纵肌束。无尾刚毛。

解剖发现其具肾管2对，排列于腹神经索两侧。封闭式循环系统。

7. 那霸单套吻螠

那霸单套吻螠（*Anelassorhynchus inanensis*）（图1-7），螠目绿螠亚科单套吻螠属。分布于我国西沙群岛附近、日本那霸、越南、夏威夷群岛等沿海。身体特点是吻发达，约与身体等长，浅褐色或灰黄色，弯向腹面，顶端分叉，形成左右两片，边缘时呈钝齿状。身体呈圆筒状，黑褐色或蓝紫色。无尾刚毛。

解剖发现其具肾管3对，具2个卷曲的螺旋体。封闭式循环系统。

图1-7 那霸单套吻螠（黄栋绘制）

8. 莎氏单套吻螠

莎氏单套吻螠（*Anelassorhynchus sabinus*）（图1-8），螠目绿螠亚科单套吻螠属。分布于我国广东，泰国、印度、印度尼西亚、朝鲜半岛等沿海。身体特点是吻短小，约为身体的1/7～1/5，浅褐色或灰黄色。身体呈圆筒状。无尾刚毛。

解剖发现其具肾管2对，具螺旋体。肛门囊短，采用封闭式循环系统。

图1-8 莎氏单套吻螠（参照周红等，2007，绘制）

9. 棕绿螠

棕绿螠（*Thalassema fuscum*）（图1-9），螠目绿螠亚科绿螠属。分布于我国香港、日本濑户内海等沿海。身体特点是吻发达，色浅，约为身体的1/3。身体呈圆筒状，红黄色。无尾刚毛。体表散布着大的皮肤乳突，位于体两端者较密集。

解剖发现其具发达的间基肌，具肾管1对，肾口无螺旋体。肛门囊1对，与体略等长。

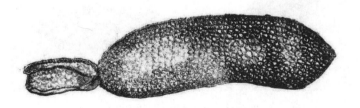

图1-9 棕绿螠（参照黄宗国等，2012，黄栋绘制）

10. 强壮绿螠

强壮绿螠（*Thalassema mortenseni*）（图1-10），螠目绿螠亚科绿螠属。分布于我国香港近海。身体特点是无明显吻部。皮肤发达。具有独特的大型皮肤乳突，乳突相互叠加且按一定规律排成列。具有1对金黄色的腹刚毛和1根储备刚毛，无间基肌，多数的肠系膜都形成钩状。

解剖发现其不具间基肌，具肾管1对，长且游离于体腔中。肾口不具螺旋体。肛门囊1对，不分支。

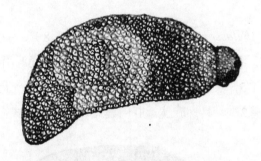

图1-10　强壮绿螠（参照黄宗国等，2012，黄栋绘制）

11. 单环刺螠

单环刺螠（*Urechis unicinctus*）（图1-11），无管螠目刺螠科刺螠属，也是本书着重介绍的种类。分布于渤海湾，日本、朝鲜半岛等沿海地区。身体特点是吻部较短，呈匙状。身体腊肠状，粉红、紫红或黑红色，前部略细，后端钝圆。肛门周围有9～13根尾刚毛，呈单环排列。

解剖发现其体壁纵基层位于外层环肌和内层斜肌之间，具发达的间基肌；具肾管2对，每个肾管基部近肾口处有1对螺旋体；肠后端膨大，特化为呼吸器官；采用开放式循环系统，无心脏、血管，体腔内充满红色液体。

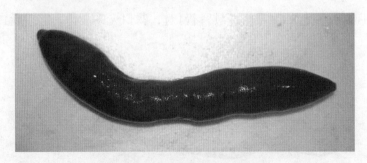

图1-11　单环刺螠（焦绪栋摄）

四、容易混淆的几种海岸带底栖生物

我国海岸线绵长，在沿海滩涂及人类常至的潮间带和潮下带区域生活着诸多形态类似，却又在分类学上完全不一样的生物。以单环刺螠为例，时有人将其与海仙人掌等生物混为一谈。为避免出现此类"乌龙"，在本节中，我们将形态类似，容易导致错误判断的几种生物做对比。具体的生理结构和功能请参照其他专著。

1. 方格星虫

方格星虫（*Sipunculus nudus*）（图1-12，见彩图3）俗称"沙虫"，又称光裸星虫。属星虫动物门，与单环刺螠所属的螠虫动物门一样，曾同属于多毛纲。

方格星虫雌雄异体，身体呈腊肠状，颜色粉红鲜亮。主要由吻部和躯干两部分构成，身体不分节，体表有规则的方格状花纹。

方格星虫的分布范围很广，主要生活于沿海的滩涂中。在大西洋、太平洋、印度洋沿岸均有分布。在我国的广东、广西、福建、台湾等沿海地区常见。有报道称在北方沿海，如烟台、青岛等地亦有发现。

方格星虫同样具有很高的营养和保健价值。其天然采捕方式与单环刺螠类似，而且环境污染对其影响很大。因此，野生方格星虫的自然资源曾受到严重破坏。随着人工育苗和养成技术的成熟，目前南方部分省区已经开展了人工繁育、养殖以及增殖放流工作，获得了良好的效果。

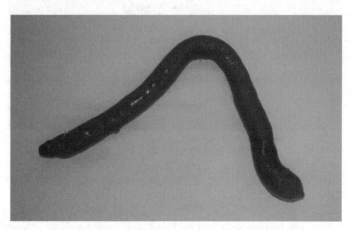

图1-12 方格星虫（焦绪栋摄）

2. 可口革囊星虫

可口革囊星虫（*Phascolosoma esculenta*）（图1-13）俗称"土笋""海丁""泥丁""海蚂蟥"。体表呈灰黑或土黄色，皮肤没有规则的网纹架构。其身体构造与方

格星虫类似，同属星虫生物门。主要分布在浙江、福建、广东、广西、海南和台湾沿海一带。可食用，营养价值和保健价值较高。

图1-13　可口革囊星虫（参考应雪萍等，2005，黄栋绘制）

3. 沙蚕

沙蚕（图1-14）属环节动物门。种类较多。主要栖息于沿海滩涂、潮间带中区至潮下带区域的泥沙中。营养和经济价值比较高，目前部分品种已实现人工繁育和养殖。

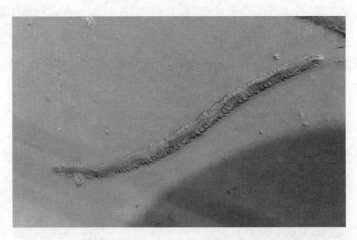

图1-14　海边的一种沙蚕（崔久文摄）

4. 海仙人掌

海仙人掌（*Cavernularia obesa*）（图1-15，见彩图4）俗称"刺棒""博鸡子"等。属腔肠动物门珊瑚纲海鳃目海仙人掌科。在我国黄海、东海海区常见。其身体呈筒形，下部呈长柄状。身体表面由众多水螅体构成。生活在潮间带近低潮线的沙滩或泥沙滩中。以柄部插入泥沙中，涨潮或浸入水中后，身体膨大直立，水螅体可完全伸展；退潮或露出水面后，水螅体收缩，外形则与单环刺螠类似，容易混淆。

海仙人掌是一种海洋源中药。传统中医认为其具有降火、解毒、散结、化痰、止咳之功效。可用于腮腺炎、支气管炎的治疗。目前暂未有实施人工繁育的报道。

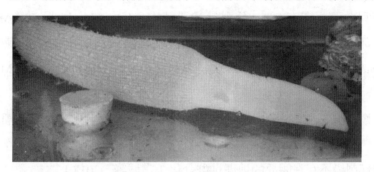

图1-15　海仙人掌（焦绪栋摄）

5. 沙蠋

沙蠋（图1-16）又称海蚯蚓，属环节动物门多毛纲小头虫目沙蠋科。是沙蠋科生物的统称。

其外部特征是具翻吻，躯干部分节明显，体节上生有刚毛。部分品种生有羽毛状腮丝。穴居于海底泥沙中，也是潮间带、潮下带及河口区域的常见物种。在我国的黄渤海区域的大连、烟台、青岛等地分布有柄袋沙蠋（*Arenicola brasiliensis* Nonato）（吴宝铃等，1979）。

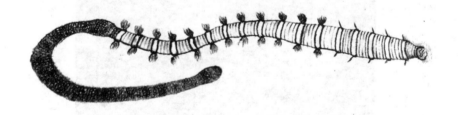

图1-16　沙蠋（参考高哲生等，1959，黄栋绘制）

第二节　单环刺螠基础生物学

单环刺螠又称单环棘螠，属螠虫动物门无管螠目棘螠科棘螠属。无管螠目是螠虫动物门中唯一采用开放式循环系统的一类螠虫。该目下现在仅一科（棘螠科），科下仅一属（棘螠属）。该属生物均为雌雄异体，且雌雄个体外观差异不明显（李凤鲁等，1994）。

该属生物的主要特点是：体壁纵肌层位于外层环肌与内层斜肌之间，内层肌纤维聚集成束。其肠后端特化为呼吸器官；身体末端肛门周围具尾刚毛。

棘螠属目前已报道有4种。分别是智利棘螠（*Urechis chilensis*, M. Muller, 1852）、单环棘螠（*Urechis unicinctus*, von Drasche, 1881）、新西兰棘螠（*Urechis novaezealandiae*, Dendy, 1898）和美洲棘螠（*Urechis caupo*, Fisher MacGinitie, 1928）。

单环刺螠是唯一在我国有分布的无管螠目棘螠属生物。可随海浪、潮汐等环境变化产生转移，基于群体基因特征的分子生物学研究结果表明，烟台、大连、日本、韩国等地的单环刺螠不存在明显的地理种群分化（常城等，2017）。

一、单环刺螠的外部特征

单环刺螠身体柔软，身体呈长圆筒状或香肠状，两侧对称，无体节，由吻和躯干两部分组成；成体体长为10～25 cm，宽1.5～3 cm；具伸缩性；吸入海水后可膨大到原始长度的2～5倍（图1-17，见彩图5）；身体前端略细，吻部较短，呈匙状，能够伸缩，但不能缩入体腔；口位于吻的下方；后端钝圆，肛门位于中间；围绕肛门有9～13根尾刚毛，呈单环排列；身体遍布不规则的块状乳突；腹部有凹陷的腹中线；腹部前端近肾孔处有腹刚毛1对（李诺等，1998）。

图1-17　吸水和排水后的单环刺螠个体对比（焦绪栋摄）

单环刺螠成体多呈土黄色、粉红色、紫红色或黑红色。以我国大量收获的单环刺螠为例，渤海莱州湾地区的群体多呈粉红色，体壁较薄；渤海湾其他地区，如大连、秦皇岛等地群体多呈紫红或黑红色，体壁较厚。朝鲜近岸海域的单环刺螠以黑红色为多，体壁较厚；而日本沿海的常见个体又多以粉红色为主，壁薄。但基于群体基因序列的分析发现，各地群体尚无明显的地理种群分化（常城等，2017）。

二、单环刺螠的内部特征

单环刺螠身体结构较为简单，主要由体壁、体腔液、内脏器官构成（图1-18，见彩图6）。

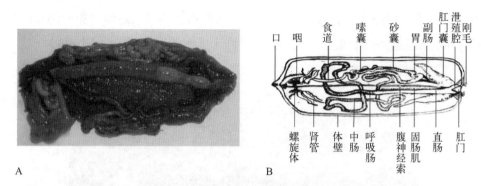

图1-18 单环刺螠的内部结构与示意图

A. 沿背部中线切开图；B. 内脏结构示意图（仿李凤鲁等，1994）

1. 体壁

单环刺螠的体壁主要由表皮层、结缔组织、环肌、纵肌、斜肌组成（图1-19，见彩图7）。体壁薄而有韧性，表层光滑，有类似蜡质的光泽。表面分布有不规则的块状皮肤乳突，在躯干的前端和后端乳突块状较大，躯干中部乳突块状较小。身体前端，吻部后有1对腹刚毛囊伸向体腔，周围有辐射状的肌肉束与体壁连接。每个囊内有1根黄褐色的腹刚毛，刚毛尖锐呈钩状，尖端伸向体外。与其挖掘洞穴、运动和在洞内的附着有关（李诺等，1998）。

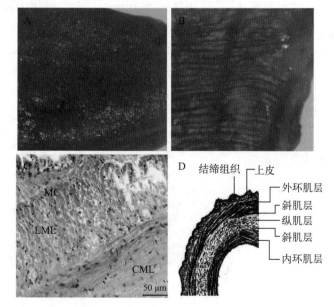

图1-19 单环刺螠体壁及结构示意图

A. 体壁外侧；B. 体壁内侧；C. 体壁显微照片；D. 体壁结构示意图

其中，MC：黏液细胞；LML：纵肌层；CML：环肌层

2. 体腔与体腔液细胞

单环刺螠没有封闭的循环系统。体腔很大，内无隔膜。其内充满红色的体腔液。体腔液中含有多种类型的体腔液细胞，包括大量红色的血细胞、类淋巴细胞、变形细胞等（李诺等，1998）。在维持生命活动的营养物质和氧气运输、免疫防御中起到关键作用。在生殖季节体腔液内还含有很多尚未成熟的生殖细胞（图1-20）。

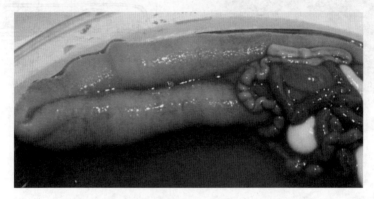

图1-20　解剖后的单环刺螠及体腔液（焦绪栋摄）

3. 消化系统

单环刺螠的消化系统由口、咽、食道、嗉囊、砂囊、胃、副肠、呼吸肠、肛门囊、直肠和肛门组成（图1-21，见彩图8）。咽短而壁厚，嗉囊上附有不与体壁相连的肠系膜，砂囊形成明显的环形褶皱；胃短，后端通过发达的肌纤维和胃系膜与身体后端接近腹神经索的体壁相连；中肠长度最大，在体腔内盘旋呈三个纵贯体腔的环形曲折，腹面有纵行的纤毛沟，附着细长的管状副肠；中肠后端粗大而壁薄，特化为呼吸肠，与直肠相连；直肠最宽，肠壁较厚，由身体前端延伸至后端，通过排泄腔与肛门相连。肠道由许多固定肠道的固肠肌与体腔内壁连接。身体后端排泄腔处有一对长囊状的盲管，末端尖细，位于直肠两侧，盲囊表面有许多细小的纤毛漏斗，开口于体腔，称为肛门囊，或能抽取直肠附近体腔液中的废弃物，主要功能是排泄（李凤鲁等，1994；李诺等，1998；邵明瑜等，2003；陈宗涛等，2006）。

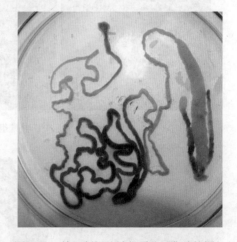

图1-21　单环刺螠的消化系统（焦绪栋摄）

4. 呼吸系统

螠虫动物无专门的呼吸系统，推测其吻部

和体表具有一定的呼吸功能。单环刺螠的中肠后端膨大，肠壁很薄，可接受从直肠流入的大量海水，具有呼吸作用，又称为呼吸肠。是一种特殊的呼吸器官（李凤鲁等，1994；李诺等，1998）。

5. 生殖系统

单环刺螠属雌雄异体，体外受精。非生殖季节，雌雄个体从外形上不易区分。生殖腺分布于腹神经索周围的系膜和围绕排泄腔的系膜中，呈条带状，位于虫体尾部，由生殖细胞团和结缔组织构成。结缔组织位于生殖腺中央，处于同一发育期的生殖细胞聚集成团，分布于结缔组织外周。生殖腺中央的结缔组织排列疏松，在两端形成发达的肌束，将生殖腺分别固定于呼吸肠外壁和体壁内侧。单环刺螠身体前部腹神经索两侧有2对对称排列的肾管，兼有排泄和生殖的作用；肾管基部靠近肾口处有1对螺旋体；在繁殖季节，由体腔膜生成原生殖细胞，经增殖形成精（卵）母细胞团，离开系膜进入体腔液中，游离发育成熟后，进入肾管，由肾孔排出体外（李诺等，1998；牛从从，2005；王航宁等，2011；董英萍等，2011；李昀等，2012）（图1-22，见彩图9）。

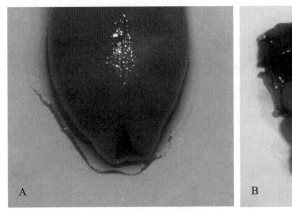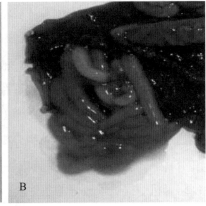

图1-22　单环刺螠的肾孔与肾管（焦绪栋摄）

A. 吻部与肾孔；B. 肾管（雄性）

6. 神经系统

单环刺螠的体腔壁腹中线处有1条纵贯腹神经索，无神经节（图1-23，见彩图10）。前端分叉，与吻部相连，在吻部扩展成围咽神经环。在躯干部，腹神经索向体壁两侧延伸出细小的神经分支（李凤鲁等，1994；李诺等，1998）。具伸缩性的吻部最为敏感，推测与其寻找合适栖息地、探寻砂砾间隙和摄食有关。解剖后很长一段时间，单环刺螠的体壁仍可对外界触碰产生反应。

图1-23 单环刺蟑的腹神经索

7. 免疫系统

生活于海洋当中的无脊椎动物面临着比陆源同类更为复杂多变的生存环境。诸多潜在的、具有致病性和危害性的种群，如弧菌类、杆菌类等条件致病菌、纤毛虫、鞭毛虫等寄生类敌害生物，广泛存在于海岸带和浅海区域的水体和沉积物之中。因此海洋无脊椎动物的免疫系统工作机理尤其令人关注。

目前普遍认为，海洋无脊椎动物缺乏适应性免疫系统，主要依赖固有免疫进行病原生物的防御和清除。在海洋贝类、虾类、海绵等生物的免疫系统分析中，研究者们经常会发现与陆源生物截然不同、结构新颖的免疫相关因子。因此推测海洋无脊椎动物的免疫防御体系虽然较为简单，但为适应危险重重的海洋环境，进化出更为多样和高效的防御机制。

目前关于单环刺蟑免疫系统的认知还很匮乏，推测其主要依赖体外分泌物如黏液、蛋白类物质、皮肤屏障，以及体腔液中的多种类型的细胞等，抵御病原微生物的入侵。同时，在其各组织和体腔液中，存在诸多具有免疫保护和病原体清除功能的蛋白和多肽类分子。如已发现的溶菌酶等（Oh H Y et al., 2018; Wei M et al., 2019）。

我们通过全基因组测序与转录组分析技术，从单环刺蟑的内脏组织中发现了至少2种新型的抗菌肽。同时还发现其体内存在可能依赖TLRs的免疫信号转导通路，为揭示其免疫防御机制提供了较好的条件。

三、生活环境和分布

在世界范围内，单环刺蟑主要分布在我国的黄海、渤海以及西太平洋海区。在俄罗斯远东海域、日本海沿岸、朝鲜半岛、辽东半岛和山东半岛附近海域可见。我国烟台、威海、潍坊部分海域，大连、秦皇岛海域自然生物量较大。国内有文献报道南方如厦门、福州等沿海地区发现有单环刺蟑的存在，可能是与其他种类的蟑虫或星虫类生物混淆了。

单环刺蟑生活于潮间带及潮下带至10 m左右海域的泥沙质海滩或海底的不规则"U"形洞穴中。其中以3～5 m深海域的捕获量较大（表1-5）（李凤鲁等，1994；

李诺等，1998；曲卫光，2011）。可利用伸缩的吻部和腹刚毛挖掘洞穴，数十秒内即可将身体潜入泥沙中。进入泥沙后，可利用吻部探寻砂砾间的缝隙，可能采用身体后端呼吸海水产生的类似液压作用力将身体挤入缝隙，然后通过吸入海水导致身体扩张，以实现洞穴的构建。

表1-5 潍坊滨海区北部海域单环刺螠在不同深度海域的渔获量

（摘自曲卫光，2011）

海域深度（m）	单采捕船渔获量（kg）
1～2	250～300
2～4	400～500
4～5	400～600
5～6	300～500
6～7	100～200

　　进入泥沙后，单环刺螠会用体表分泌的黏液将周围砂砾黏附成型，以防坍塌；在其洞穴入口处有高于海底的小烟囱状突起，附近常见小的球状物（图1-24，见彩图11）。洞穴周围或洞穴内有报道称常见小型的甲壳类或其他虫类与其共栖息（图1-25）。如夜鳞虫（*Hesperonoe*）、巴豆蟹（*Pinnixa*）、小的双壳类、虾虎鱼等。因此螠虫动物也被称为"看护虫"（innkeeper worm）（Marin I, 2014）。

图1-24　单环刺螠的海底洞穴观察

A.烟囱状洞口；B.洞穴内部图；C.洞穴外部图

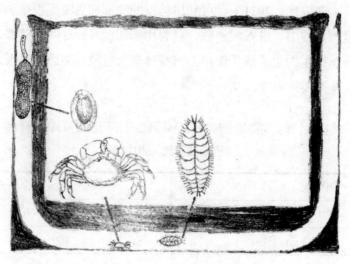

图1-25 螠类的"U"形洞穴与其共栖生物

（参照Morton，1983，黄栋绘制）

单环刺螠适宜的生存温度为15～26℃、盐度为20～37、pH值为6～9，在15℃湿沙无水干露条件下可正常存活达48 h以上。耐低温，水温0～4℃时存活正常；不耐高温，温度超过24～26℃时摄食减少，温度超过26～28℃时，若不能及时潜入更深的沙底，则易发生死亡（李诺等，1998；郑岩等，2006；宋晓阳等，2019）。死亡后，身体在内源性酶和微生物的联合作用下，很快发生溶解，导致周围水体污染加重，严重时会导致周围区域的个体大量死亡。

单环刺螠胚胎发育的生物学零度平均为 2℃，幼虫在20℃的存活率最高，水温高于或低于 20℃时生存率逐渐降低。0.5g的单环刺螠幼体摄食的最适温度为20～25℃，最适盐度为28。20～30为单环刺螠非特异性免疫最适宜的盐度，15和35条件下其免疫力显著下降，以低盐环境影响更为明显（李诺等，1998；郑岩等，2006；宋晓阳等，2019；康庆浩等，2002）。

单环刺螠对环境有较强的适应能力，能够耐受一定浓度的重金属污染。由于人类活动以及地表径流、面源污染的存在，海岸带底质中重金属的含量较高。研究发现，单环刺螠对Cu^{2+}、Hg^{2+}、Cd^{2+}等重金属离子具有一定的耐受能力。如Cu^{2+}对（75±10）g单环刺螠的安全浓度0.0675mg/L；Cu^{2+}、Hg^{2+}、Cd^{2+}对（1.2±0.16）g单环刺螠的安全浓度分别为0.141 mg/L、0.077 mg/L、0.179 mg/L（朱晓莹等，2019；唐永政等，2017；李金龙等，2012）。

单环刺螠耐受硫化物的能力较为突出。由于海洋底质中有机物的沉积较多，在少氧或缺氧条件下，经微生物降解后，容易造成底部H_2S、SO_2等硫化物的积累，影响海洋生物的生存。而单环刺螠是一种耐硫性较强的生物。在长期的适应性进化过程中，形成了系统的硫化物耐受及解毒机制。作为耐硫的模式生物广受研究者们的关注。

目前研究发现，在硫化物存在的环境中，单环刺螠体内的多种生理功能发生明显变化。共同实现抵御、减轻硫化物毒害作用的功能。其耐受硫化物毒害和解毒的机制包括以下几种。

1. 体壁及体外分泌物的抵御

在富硫环境中，单环刺螠体表富含铁化合物的黏液的分泌量增加，在一定程度上阻挡 H_2S 的进入。但这种抵御方法效果有限，一旦 H_2S 浓度增加就会失效（周顿等，2018；Oeschger R et al., 1992）。

2. 体内多种酶系的协同作用

针对单环刺螠硫化物耐受的研究表明：其在50 mmol/L，150 mmol/L，300 mmol/L和600 mmol/L硫化物的胁迫下，单环刺螠的半致死时间（LT50）分别为112 h，86 h，68 h，60 h。分析其体内的酶活性发现，在高浓度硫化物环境中细胞色素C氧化酶（CCO）的活性短时间会升高，并伴有代谢速率加快、耗氧率升高等现象；与有氧呼吸代谢相关的琥珀酸脱氢酶（SDH）的活性下降，与无氧呼吸代谢相关的延胡索酸还原酶（FRD）的活性上升。因此，推测当单环刺螠处于硫化物胁迫初期时，可能通过增加有氧呼吸量，提高其氧化解毒能力。但随着时间延长，或可通过减少有氧呼吸耗氧量，利用剩余氧气对硫化物氧化降解和通过延胡索酸还原成琥珀酸的无氧代谢来提高耐硫能力（张志峰等，2006）。

同时，李岳等通过实验发现单环刺螠呼吸肠中活性氧自由基（ROS）的含量随处于硫化物中时间增加而升高，而超氧化物歧化酶（SOD）的含量先升高后经24h降低，与细胞凋亡直接相关的 Caspase-3含量逐渐增加。因此，单环刺螠在有氧呼吸受阻后，CCO活性下降，导致O_2^-和 H_2O_2在上游积累使ROS富集。为保护自身机体免受ROS的毒害，通过产生大量SOD并进行歧化反应来消除部分ROS的毒性，减少氧化损伤。但随ROS浓度持续增长，细胞的氧化损伤不可避免，呼吸肠中SOD的解毒机制被破坏，机体启动凋亡程序，来清除异常细胞，防止更大的损害（李岳，2015）。

马卓君通过单环刺螠线粒体产能试验发现，单环刺螠多种组织中的线粒体都能以硫化物为底物产生ATP，说明单环刺螠体内存在氧化硫化物进行产能代谢的线粒体。以硫化物为底物时的电子传递链不同于一般有氧呼吸的电子传递链，认为是复合物Ⅲ直接被交替氧化酶（AOX）催化产热，从而可以氧化硫化物。任志强研究发现，硫化物胁迫一定时间后，单环刺螠后肠中AOX的活性显著提高；Huang等的研究也提出

AOX 的 mRNA 含量同样升高，并且与有氧呼吸有关的 CCO 的活性显著降低，研究说明，硫化物胁迫下，线粒体中的有氧呼吸过程逐渐被硫化物氧化呼吸过程取代（马卓君，2003；任志强等，2015；Huang J et al.，2013）。

同时，线粒体中的相关酶类可能参与了硫化物的代谢和解毒功能。如马玉彬利用分子生物学的方法，在基因和蛋白质水平方面对硫醌氧化还原酶（SQR）做了详细的研究，发现不同组织中 SQR 的 mRNA 表达量及酶的含量不同，体壁、呼吸肠和肛门囊在线粒体硫化物代谢应激中的作用要比中肠和体腔液更为明显。谭志等在此基础上，采用 His-pulldown 技术和毛细管液相色谱-离子肼质谱技术分析，研究了与 SQR 相互作用的两个蛋白质分子——细胞色素P450和腺苷三磷酸结合盒转运蛋白及它们之间的相互作用机制，推测 SQR 在硫化物解毒的过程中可能具有将酶反应过程中产生的代谢物转运到线粒体外的作用。董英萍重点探索了线粒体硫化物氧化酶系最后一个环节起硫化物转移作用的酶，提出硫氰酸酶就是硫转移酶，利用生物信息学的方法，在基因表达和蛋白质转录水平上进一步研究了硫氰酸酶。以上研究从不同的酶出发，在基因的转录和表达水平上丰富和发展了线粒体硫化物氧化的酶系学说（马玉彬，2010；谭志等，2010；董英萍，2011）。

3. 相关信号通路的激活

促分裂原活化蛋白激酶（MAPK）能对外界环境的刺激作出应答。如在较高浓度硫化物胁迫下，MAPKs通路（包括JNK亚通路和ERK亚通路）会被激活。刘树人等研究发现，处于硫化物中单环刺螠呼吸肠内，P-JNK 表达量显著增加，P-ERK 表达量呈现瞬时增加后持续减小，表明前期JNK和ERK相互配合一起调控细胞凋亡；随时间延长，ERK活性降低，仅JNK主要调控细胞凋亡（Sharmila A et al.，2008；刘树人，2015）。

4. 体腔液成分的变化

马卓君等发现处于硫化物初期的单环刺螠体腔液中的正铁血红素含量降低，结合血红蛋白与硫化物作用的机理，认为血红素及相关组分通过结合并储存硫化物来进行解硫。王思锋的研究表明单环刺螠中髓样小体和脂滴的含量因硫化物的胁迫增多，内质网膨大并靠近细胞膜内层，线粒体膨大，内嵴变短。根据细胞内各结构形态的变化，推测单环刺螠耐硫过程为：游离的正铁血红素通过结合和储存体腔液细胞中的硫化物，被多泡状结构吞噬，形成髓样小体并释放铁离子，外层磷脂膜层溶解形成脂滴，产物被内质网富集后排出体外，进行硫化物的解毒（马卓君，2003；王思锋，

2006）。

5. 基因转录水平的变化

单环刺螠在硫化物胁迫下，体内多种酶及蛋白质的含量和结构均发生了变化，究其原因，是机体在胁迫下所做出的系列生理响应，其中部分响应是通过基因转录和翻译而最终产生。马卓君提取硫化物胁迫24 h后的单环刺螠的RNA，发现有一系列新的、片段较大的RNA条带产生，推测这些新的RNA可能是一些与血红素转化相关的基因，或者是与硫化物氧化有关的细胞器如线粒体、硫化物氧化体等有关的基因。史晓丽利用抑制性消减杂交（SSH）和cDNA芯片技术，进一步证明单环刺螠在硫化物胁迫下确有新基因表达，筛选鉴定出硫化物胁迫下单环刺螠体内的82个差异表达基因，参与硫化物代谢、细胞代谢、DNA修复等过程。除此之外，还发现了可能与单环刺螠硫代谢关联的未知序列。利用各种分子生物学手段，从源头探究了单环刺螠在硫化物胁迫下发生各种生理变化的原因，从而有助于耐硫机制的进一步探索（马卓君，2003；史晓丽，2012）。

单环刺螠不仅环境适应能力较强，同时也具有改良养殖池底质的作用。刘晓玲等通过对刺参单养池、刺参与单环刺螠混养池等养殖池中底泥中的硫化物、总磷（TP）、总氮（TN）、总碳（TC）、化学需氧量（COD）等指标进行检测对比，表明单环刺螠与刺参混养下，其底泥中TP、TN、TC、COD、硫化物的含量都显著低于刺参单养池。说明单环刺螠对养殖池中底泥相关指标具有改善效果，对硫化物的改善更为明显（刘晓玲等，2017）。

四、摄食方式

单环刺螠为碎屑摄食者（detritus-feeder）。根据发育阶段的不同，摄食方式可分为悬浮摄食（suspension-feeder）或过滤摄食（mucous feeding filter）。在钻入泥沙营造洞穴之前的发育阶段（蠕虫状幼虫之前），其为悬浮摄食，主要滤食海水中的悬浮食物颗粒。自幼螠至成体的发育阶段，其体表可分泌黏液（黏液细胞遍布全身，以吻部附近较为丰富，有报道又称黏液腺或在体前部的后肾孔附近），黏液或兼有构筑洞穴、黏附食物颗粒、辅助呼吸的作用。

进入洞穴后，单环刺螠利用尾部的呼吸作用，带动海水不断流通洞穴，或采用如美洲刺螠的摄食方式，利用洞穴内壁附着的黏液套层黏附流水中的食物碎屑和浮游生物如细菌、微型藻类等，待黏附一定数量后，连同黏液层一并吞下以完成进食（Fisher W K et al., 1928；Ricketts E F et al., 1968；MacGinitie G E et al., 1968）（图1-26）。

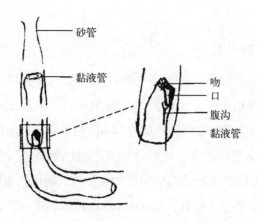

图1-26 美洲刺螠（*Urechis caupo*）的摄食方式

（仿周红等，2007，黄栋绘制）

单环刺螠的摄食存在一定规律性（表1-6）。在摄食节律研究中发现其属于晨昏摄食型，每天的6:00—8:00、18:00—20:00为其摄食高峰期，且上午的6:00—8:00时间段摄食强度大于18:00—20:00时间段。根据单环刺螠的晨昏摄食特性，在人工饲养时建议在6:00和18:00进行投饵，且6:00投饵量要略高于18:00；在其他时段减少投饵或不投饵。这样既可以减少饵料浪费，又可以防止多余饵料引起水质恶化，引起病害（孙涛等，2017）。

表1-6 不同时段单环刺螠的摄食强度（摘自孙涛等，2017）

组别	时段	初始浊度 N_0/NTU	末浊度 $N_{1(2)}$/NTU	$\Delta N_{1(2)}$/NTU	摄食强度
1	0:00	204.66±1.64	100.94±2.13	103.71±2.75	44.57±3.75
2	3:00	204.66±1.64	120.09±4.47	84.57±4.55	25.43±2.75
3	6:00	204.66±1.64	89.23±1.83	115.43±2.99	56.28±3.24
4	9:00	204.66±1.64	95.13±4.31	109.53±4.19	50.38±2.03
5	12:00	204.66±1.64	105.33±3.89	99.33±3.21	40.19±3.96
6	15:00	204.66±1.64	110.75±1.92	93.90±2.16	34.76±3.85
7	18:00	204.66±1.64	88.66±3.28	116.00±3.29	56.85±5.17
8	21:00	204.66±1.64	117.61±4.90	87.05±5.81	27.91±6.83
对照	8:00	204.66±1.64	145.51±2.76	59.14±2.88	—

五、繁殖方式与生活史

在繁殖季节，性成熟个体会排放成熟的精子或卵子到海水中，通过体外受精实现种群的繁衍。生活史从受精卵开始，根据各阶段的主要生物学特征，人为可将其分为卵裂、囊胚、原肠胚、担轮幼虫（又可分为前期担轮幼虫和后期担轮幼虫）、体节幼虫、蠕虫状幼虫、幼蟶等几个时期（图1-27），各发育阶段的特点及在人工培育条件下的大体时间如表1-7所示（李诺等，1995，1998；孟霄等，2018；许星鸿等，2020）。

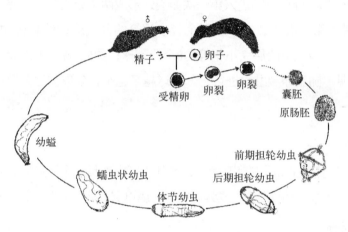

图1-27 单环刺螠生活史示意图（摘自黄栋等，2020）

表1-7 单环刺螠的发育周期及主要生物学特征（参考许星鸿等，2020）

阶段	时间	大小	生物学特征
受精卵	0 h	$\sim\phi\,160\,\mu m$	受精膜出现，卵核消失，形成围卵腔
卵裂期	2~5 h	$\sim\phi\,160\,\mu m$	依次经2/4/8/32细胞期，约5h到达多细胞期
囊胚期	5~7 h	$\sim\phi\,170\,\mu m$	有腔囊胚，形成腔囊壁
原肠胚期	7~10 h	$\sim\phi\,170\,\mu m$	具内外胚层，卵膜内胎体转动
前期担轮幼虫	15~24 h	$\sim 140\,\mu m \times 120\,\mu m$	呈梨形，具趋光性，营浮游生活。有顶纤毛束，肛周纤毛轮，口前纤毛轮
后期担轮幼虫	6~10 d	$\sim 270\,\mu m \times 200\,\mu m$	1对腹棘，有肛前纤毛轮
体节幼虫	10~20 d	$\sim 400\,\mu m \times 270\,\mu m$	底栖生活，12个体节，肛前纤毛轮消失
蠕虫状幼虫	20~30 d	$\sim 2\,mm$	潜沙习性。口前纤毛轮消失。体节消失。体腔增大，消化管增长。具1对肛门囊
幼蟶	30~40 d	$\sim 6\,mm$	潜沙习性。半管状吻部，肾管形成，肛门周围9~13根尾刚毛。性未成熟
成体	—	$\sim 10 \sim 30\,cm$	发育至性成熟

1. 受精

单环刺螠为雌雄异体，体外受精。在繁殖季节，卵和精子分别由雌性和雄性单环刺螠体腔内分布于腹神经索和排泄腔周围的系膜中的生殖腺中形成并脱落，于体腔中成熟；成熟的精、卵进入肾管中，随后被排入海水中。刚排出的卵被胶状物质包裹，分散沉入海底，由精子来受精。

2. 卵裂

单环刺螠在受精2 h后开始进入第一次卵裂，形成两个分裂球，为完全等裂卵裂；受精约3 h后进入第二次卵裂，形成四个大小相等的分裂球；约4 h后进入第三次卵裂，螺旋卵裂，形成上下两层大小相等的8个分裂球；约5 h后，进入32细胞期，其分裂沟仍清晰可见。随着卵裂继续进行，分裂球越来越小，分裂沟逐渐模糊不清，进入多细胞期。

3. 囊胚期

单环刺螠在受精约6 h后发育至囊胚，在其囊胚内部具一个囊胚腔，是典型的腔囊胚。由一层大小基本一致的细胞构成其囊胚壁，属单层囊胚。囊胚直径约170 μm。

4. 原肠胚期

单环刺螠在受精约10 h发育至原肠胚。胚体直径约170 μm。囊胚后期植物极细胞伸长，以内陷方式进入囊胚腔内并形成原肠。使植物极半球的细胞群内陷形成内胚层，动物极半球的细胞群形成外胚层。受精13 h后，胚体开始在卵膜内转动，受精15 h后虫体陆续上浮。

5. 担轮幼虫前期

受精24 h后胚体破卵膜而出，开始浮游生活，发育成早期担轮幼虫。此时呈梨形，身体分上下两个半球。上半球顶部具顶纤毛束，在中部具口前纤毛轮。在虫体下半球靠近肛门末端处，具肛周纤毛环，虫体大小约140 μm×120 μm，具有趋光性。受精46 h后，肛门在下半球后端打通，消化道初步形成并开始摄食，顶纤毛束逐渐消失。口凹位于两半球之间的口前纤毛轮下方。出现原体腔，在中胚层带出现一对原肾管。后随着发育时间的增加后半球略有加长。

6. 担轮幼虫后期

受精约10 d发育为后期担轮幼虫，大小约270 μm×200 μm，下腹出现 1 对腹棘，由 1 对附着在体腔内壁上的牵引肌牵引，牵引肌伸缩可使腹棘缩入或伸出体壁，肛门前方出现肛前纤毛轮。

7. 体节幼虫期

幼虫发育至15 d左右时，随着后半球不断增长，近尾部开始出现缢缩，体节数逐渐增加。幼虫开始从浮游生活逐渐转至底栖生活。当增加到12个体节时，尾端纤毛环消失，幼虫完全转为底栖生活。

8. 蠕虫状幼虫期

20 d后，上半球开始退化变小，口前纤毛轮消失。下半球继续伸长，体节消失，变成躯干部。不久体表纤毛退化，体腔增大，消化道增长并在体腔内盘曲。直肠基部两侧出现 1 对长管状的肛门囊，进入蠕虫状幼虫时期。蠕虫状幼虫体壁半透明，隐约可见内部消化道及食物团。幼虫具有钻沙习性，此时幼虫大小约2 mm。

9. 幼螠期

30 d后，虫体前端发育出半管状的吻部，在后端肛门附近有一圈9～13根刚毛构成的刚毛环。体壁增厚，不透明。除性不成熟外，虫体在形态及生活习性上都与成体有了很大的相似性，体长约 6 mm，幼螠在水底潜入泥沙并营造"U"形洞穴。

10. 性别分化

螠虫动物的性别分化与遗传因素和环境因素有关。在性双型种类的报道中，存在影响性别决定（sex determination）的环境因素。最典型的例子是性双态的（dinophic）绿伯螠（*Bonellia viridis*），在其担轮幼虫具有发育成雌或雄个体的潜力。若幼虫沉落于海底非成体栖居处，则具发育为雌体的倾向，若幼虫沉落于雌体吻附近，因受雌吻分泌物的诱导，便发育为雄性个体。把幼虫放在无雌性成体存在的纯海水中培养，90%的幼虫发育为雌性，而把同批幼虫放在雌性或仅有雌性吻存在的海水中培养，吸附于吻上的幼虫70%发育为雄性（Jaccarini V et al., 1983；Berec L et al., 2005）。

关于单环刺螠的性别分化研究目前尚未有报道。

自然环境中的单环刺螠存在明显的繁殖季节，以我国渤海湾为例，单环刺螠的天然盛产期约为每年的4—5月和10—11月。此时常见有大量成熟个体从其所栖居的海底洞穴中乘夜色浮游而出。有时会因洋流、海浪等作用在某处海滩集中成批出现，研究发现这一现象与单环刺螠的生殖周期相吻合，与其繁殖行为有关（Hirokazu B et al., 2014；Abe H et al., 2014）。

第三节　开展单环刺螠育苗、养殖的理由

改革开放以来，我国沿海地区的经济发展十分快速。特别是近10年来，沿海地区的围海造田、港口开发、油气开采、房地产及交通旅游业均实现了迅猛发展，为国家及当地经济发展作出了重大贡献。但与此同时，单环刺螠的自然栖息地却遭受人为的不当干预和破坏，加之其不断增长的市场需求以及不合理的采收方式等，使得这一特殊自然生物资源的可采捕量逐年减少（吕慧超等，2020）。

开展人工育苗和养殖是保护自然生物资源、实现资源可持续利用的必由之路。随着单环刺螠人工育苗和养殖技术的日趋成熟，渤海湾的许多地区已经出现专业的育苗和养殖公司，有望形成我国北方沿海海水养殖产业新的增长点。

一、关于单环刺螠的历史和传说

自唐武德四年（621年）设登州始，在长达1200余年的发展历程中，古登州北部地区的黄海、渤海沿岸一直是我国单环刺螠（海肠）主产区。这里出产的海肠味道鲜美、质量上乘，作为海域特产的"登州海肠"久负盛名。

古登州人很早就知道海肠是一种可以食用的味道鲜美、营养丰富的海产品。明万历年间编纂的《福山县志》（明万历四十三年，即1615年。明宋大奎修、郭明泰等纂）（图1-28）中，"土产"卷中就有记载："海肠，不属鳞介，因附之末。"说明最晚在400多年前，当地人就已经开始食用海肠了。

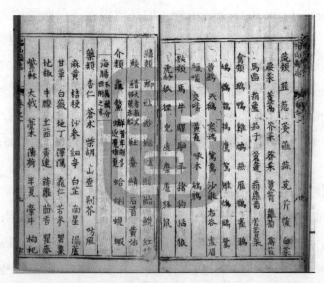

图1-28　万历福山县志中海肠的记载（来源于中华古籍资源库）

注：福山位于烟台境内。金天会九年（1131）设福山县，历代沿用之。至1983年改为福山区。目前隶属山东省烟台市辖区，北临黄海。是有名的中国"鲁菜之乡""书法之乡"和"大樱桃之乡"。

目前考证关于海肠最多、最详细的记录出自清朝康熙版《福山县志》（清康熙十一年，即1672年。清罗博修、鹿兆甲等纂）。在卷五食货志中将海肠列为"食货"，云"海肠，形色似肠，故名。其味可比闽之江瑶柱，独邑之海滨有焉。有之必值冬月。夜陡值风狂，迷其归穴，随浪至海岸。土人拾之，货于市。非可力致也"。尤其需要指出，清《福山县志》中关于海产品的记载多以罗列品名为主，但对海肠记载较为详细。

无独有偶，在清朝胶东地区的其他古代典籍中也有关于海肠的记录。如清乾隆版《福山县志》（清乾隆二十八年，即1763年。何乐善修、萧劼等纂）（图1-29A）、光绪版《增修登州府志》（清光绪七年，即1881年。清方汝翼等修，周悦让等纂）（图1-29B）等中皆有记录。

其中清乾隆版《福山县志》中关于海肠的记载顺延康熙版的描述，并添加了赵秋谷（赵执信）的诗作。

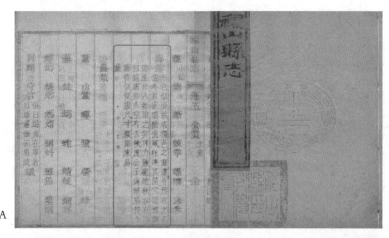

图1-29清朝古籍中关于海肠的记述（来源于中华古籍资源库）

A.清乾隆版《福山县志》；B.清光绪版《增修登州府志》

《增修登州府志》云："海肠，形色似肠故名。福山海滨有之。其尾如线，系于穴内，夜出觅食。陡值风浪，线断无归，漂泊至岸，人始取之，非可力致也。[①]"同治版《宁海州志》云："海肠，出西北海上。"清《牟平县志》记载："海肠，体呈圆筒而长，其形似肠，故名。"[②]

清康熙十八年（1679）己未科进士、诗论家赵执信[③]因"长生殿"冤案被革职回乡。为了排遣郁闷和寂寞，两次东游胶东观海。康熙三十四年（1695）秋，他第二次东行，经掖县（今莱州）、莱阳、福山到达蓬莱，在朋友陪同下凭吊登州的东坡祠、探赏海边的田横寨，席间品尝了"登州海肠"，赞不绝口，一时诗兴大发，于是赋诗一首：

食海族有名海肠者戏为口号

越国佳人空有舌，

秋风公子尚无肠。

假令海作便便腹，

尺寸腰围未易量。

诗中将西施舌、螃蟹与海肠做对比，风趣夸张之处亦显海肠味道之鲜美。

清嘉庆四年（1799）己未科进士、官至户部江西司主事郝懿行，在考察山东沿海水产资源之后，写下了著名的，也是古代山东唯一一部专门辨识海洋生物的专著——《记海错》（注：《尚书·禹贡》中有"海物惟错"称海产品丰富。后世多以"海错"称海产）。

其中《海肠》篇写道："（海肠）形如蚯蚓而大，长可尺许，土色微红。一头肉束，有类须然，盖其首也[④]。穴于深海之底沙中，作孔如蛞蝓，所居约入沙二尺许。头在穴中，幺虫经过，吸取吞之。其遗矢处，亦作细孔，人不见也。肠细如线，可长丈许。夜间出穴觅食，肠蒂却系穴口，比晓仍还。或遭风浪漂断，游肠栖泊岸边，为

---

① 所谓"其尾如线，系于穴内"，在《记海错》等古籍中皆有描述，实乃错解。究其缘由，应为观察到单环刺螠（海肠）的分泌的黏液时有附于洞穴和身上，或在脱穴而出时带出。以为系带也。虽为误解，古人观察之细致令人赞叹。

② 牟平位于山东烟台境内，汉初（公元前206年）设东牟县，历代曾改属古弘德县（王莽时期）、古东莱郡（三国至隋）、古宁海州（金至清）、古登州府（明），1913年改为牟平县，1983年改牟平市。为隶属山东省烟台市辖区，临黄海。秦始皇东巡之地，有养马岛、昆嵛山等景点。

③ 赵执信[shēn]（1662—1744），字伸符，号秋谷，晚号饴山老人、知如老人。清代诗人、诗论家、书法家。山东省淄博市博山人。

④ 与文说明恰恰相反，有刚毛的一端是其尾部。

人所得矣[①]。破视其腹，血色殷然。海人亦喜啖之；或去其血，阴干其皮，临食以温水渍之，细切下汤，味亦中啖[②]……"这也是有考据的第一次对海肠的形状、生活规律、加工及食用方法作详细描述（图1-30）。

图1-30　郝懿行与《记海错》（来源于中华古籍资源库）

注：郝懿行（1757—1825），字恂九，号兰皋。清著名学者、经学家、训诂学家。

在胶东地区关于海肠的传说中，最早从秦始皇东巡说起。相传始皇帝两次登临烟台芝罘岛时，正值早春，一夜风浪过去，沙滩上留下一大片淡红色的海肠，当地百姓用它配以春季头茬韭菜款待客人，始皇尝后大加赞赏，称之为"天下第一鲜"。

最为脍炙人口的一则民间传说就是"福山帮与海肠的故事"：说当年福山厨师在京城开饭店生意红火，相邻饭店老板派人去学，但就是学不到真谛。原来，在尚无味精的年月，福山厨师用阴干的海肠焙粉当调味料，菜肴出锅后偷偷撒上点，味道立马鲜美许多。

虽传说不可轻信，但却有相关史料记载，起源于烟台芝罘岛的这道鲁菜名肴，早在清末民初，"韭菜炒海肠"便已是许多餐饮老店的招牌菜之一。至今岛上渔民年夜饭仍必有"长久有余财（海肠、韭菜、肉、鱼、其他时蔬青菜）"的传统。

虽已过往，涛声依旧。时至今日，海肠带给食客们味觉和视觉的触动仍然不减。蒜蓉海肠、肉末海肠、辣炒海肠、炭烧海肠、海肠饺子、海肠捞饭、海肠刺身等等各种新奇的烹制方法不断涌现，结合着韭菜炒海肠的清香，一直飘扬在胶东大地的各个角落（图1-31）。人们在享用着这一特殊海洋馈赠珍品的同时，也在思索着美食的意义

---

① 文中"肠蒂系穴口""漂断"之描述，乃误解。

② 原文中接下来述及的"海蛆"，实为一种小沙蚕。与海肠非一类。但文中未拆分介绍。

和人生的真谛。

图1-31　用单环刺螠（海肠）制作的各种美食

依次为凉拌海肠、焖海肠、炒海肠、海肠饺子、海肠刺身

二、单环刺螠的繁育现状

单环刺螠味道鲜美、营养丰富，作为食材有着悠久的历史，具有很好的市场开发前景。但由于滥采滥捕和生境破坏，其自然资源量逐步减少。近年来我国学者对其人工育苗和养殖技术进行了广泛探讨，人工育苗和规范养殖技术及标准的确立及示范应用，为这一自然资源的保护和开发利用奠定基础。

1. 养殖理由

党的十八大将"实施海洋开发、建设海洋强国"作为提高我国综合国力、推动经济发展的国家发展战略。海洋生物资源的高附加值开发利用是海洋经济高质量发展的主要内容之一。

当今的海水养殖产业，特别是临岸育苗和养殖相关企业正面临活力降低、发展受限、关键人才流失等系列问题，新型养殖品种的出现及与之相适应的产业体系的构建，为这一传统行业的转型升级带来了机遇。

开展单环刺螠的育苗、养殖，可促进以单环刺螠为代表的特色海水养殖产业的发展，同时为单环刺螠产业链的构建提供充足的原材料支撑；多肽、多糖等活性物质提取工艺的转化与示范，可促进海洋生物资源的高附加值综合利用，亦可为产业链的构建提供高品质的食品原料；基于单环刺螠及其制品的功能性食品的开发，可进一步延伸产业链条，促进海洋食品行业与医养健康产业的融合发展。

海水养殖产业与新型生物医药、食品加工产业的融合发展，可打造一系列高水平、高产值、高效益的新型技术产业，带动上下游的育苗、养殖、加工、销售等整个产业链条的良性运转，解决资源可持续利用的问题，具有明显的经济和社会效益。

2. 育苗和养殖的现状

目前在山东威海、潍坊、烟台，河北昌黎，辽宁大连等地均有相关海水育苗养殖企业参与到单环刺螠的育养中。尤其以辽宁大连金普新区在单环刺螠育养方面的布局较为迅速，从舆论宣传到地方措施全方位推进，政府报告中亦直接指出要大力发展海肠增养殖产业，以此打造海水养殖的新名片。

在单环刺螠的海外需求中，以韩国最具代表性。韩国单环刺螠的产量有限，但民众对于其认知度较高，作为杀生刺身的食材，每年消费量比较大，我国烟台、莱州、大连等地有对韩出口鲜活单环刺螠的传统和相关企业。

3. 存在的主要问题

（1）基础研究有待加强

关于单环刺螠研究的深度和广度仍有欠缺，特别是在基于组学基础上的系统生物学分析、基因组、转录组、功能因子的研究尚存在较大发展空间。

（2）规模增养殖关键技术有待突破

工厂化育苗是实现人工增养殖的第一步，育苗技术已基本成型。但仍存在养殖品种欠缺，高品质苗种选育技术不明确等问题亟待解决。

养殖模式的探索也是非常关键的一步。由于单环刺螠主要生活在养殖区的底部泥沙中，依靠沉积的食物残渣和部分浮游、底栖藻类、微生物为食，开展多品种的混合养殖、立体养殖是最经济有效的模式。

滩涂增殖需要适合单环刺螠生存的泥沙质海区。由于单环刺螠存在"移滩"的特性，如何保持环境稳定，或通过设施的使用使增养殖的品种能够定位收获是一大挑战。

目前的单环刺螠的大规模收获主要采用"吹沙"的方式，对养殖区底部环境造成较大扰动。适宜收获方式的研究也存较大进步空间。

（3）高附加值开发利用滞后

目前单环刺螠主要以新鲜食用为主，虽然在活性分子的分离鉴定和实验室纯化制备方面有了一定的研究基础，但系统研究尚未大规模开展。尚缺乏高值利用的产品面世。针对单环刺螠抗凝、溶栓、抗菌、解毒、抗癌等活性物质应用的制备关键技术、产品复配关键技术、规模生产关键工艺需要进一步深入，与之相关的科研-生产-应用-测试-销售渠道仍需畅通。

第二章 单环刺螠的人工育苗

水产苗种的人工繁育是实现野生生物资源保护，开展养殖增殖和进行开发利用的必要和关键方式。经过我国学者及相关企业的多年联合攻关，单环刺螠的人工育苗技术已日趋成熟。在山东烟台、威海、潍坊，辽宁大连，河北昌黎等地，已有相关育苗和养殖企业陆续实现了单环刺螠的人工繁育。目前各地所采用的育苗技术大同小异。本章依据实施育苗的相关经验，对育苗过程中的各个环节进行讨论。各实施单位亦可依据自身具体情况予以优化。

第一节 育苗设施的要求

开展海水水产育苗需要合适的场地。场地内需构造必要的育苗设施，包括亲体培育池、孵化育苗池、稚螠培育池、饵料藻类培养池等，以及与之配套的海水清洁、过滤和用电、采暖系统等。也可利用已有的海水鱼类、虾蟹、贝类的育苗场所进行单环刺螠的人工育苗（唐永政等，2007；刘学迁等，2019；王卫平，2020）。

一、场地要求

育苗场所需海水水源充足、水质稳定、生态环境良好。生产环境符合《无公害食品 海水养殖产地环境条件》（NY 5362—2010）的要求。周边最好无大型污染源，如化工厂、污水处理厂、垃圾处理厂等，避免这些厂区的污水或生产废弃物影响用水水质。由于单环刺螠对水体盐度要求较高，场地内的生产用水的采集要远离河流入海口、城市排污口等咸淡水交汇区域。场地内要具备良好的进水和排水系统，满足开展生产所需的电力和采暖配套要求（李诺等，1995）。

二、水质要求

生产用海水水质应达到《渔业水质标准》（GB 11607—1989）育苗水质要求。用水水质符合《无公害食品 海水养殖用水水质》（NY 5052—2001）的要求，排水水质应符合《海水养殖水排放要求》（SC/T 9103—2007）的要求。

三、亲体培育池

可选用10～30 m²的室内水泥池或玻璃钢水槽，池深度为0.8～1.5 m，池底部铺设粒径为0.1～1.5 mm、厚度为30～50 cm的清洁海沙或含泥量为20%～30%的泥沙作为底质。水温控制在15～20℃，海水盐度控制在26～32，pH值为7.2～8.6。水中溶解氧不低于5 mg/L。可适量光照，光照强度不高于1 000 Lx，也可无自然光照（康庆浩等，2002）。

四、孵化育苗池

精、卵采集和人工受精可选用100～500 L干净玻璃缸或周转箱进行。受精卵孵化时转入孵化和育苗池。可选用10～30 m²的室内水泥池或玻璃钢水槽，池深度为0.8～1.5 m。池底要有一定坡度利于排污。使用前严格整池消毒并冲洗干净。

五、稚螠培育池

要求与亲体培育池相同；在幼虫发育至蠕虫状幼虫期前，无需铺设底沙。

六、饵料藻培养池

可选用50～100 m²或更大的室内水泥池，要求光照充足，夏季一般需要布设遮阳网。水体面积一般按照育苗水体与饵料水体1∶1匹配。

七、给排水系统

给水水源取自然海水，采水口应远离咸淡水交接的河流入海口、城市管道排放口等。按要求布设一级沉淀池、高位蓄水池、二级暗沉淀池；一级砂滤池、二级砂滤池和消毒水池，进入车间的水质要达到标准。

排水根据要求布置养殖废水处理池或处理车间。水质达标后排放。

配套用于给排水的水泵若干。

采用循环水养殖的车间，要按照要求检测水质变化。适时调整换水、补水周期，根据水质变化适量增减每次的换水量。

八、供气系统

育苗养殖和饵料培育车间需要配置充气、曝气管道，保障水中的溶氧达标。有条件的可在车间内布置水质、溶氧检测系统。

九、电暖配套

车间内提供220 V和380 V电源接口，满足日常照明和水泵、制热、消杀等动力需求；按具体功率可匹配80～100 kW的发电机组1～2套，防止因突然的市电缺失造成育苗养殖缺氧缺水。保持车间内温度适宜，防止温度过低或过高。

秋冬季育苗期间需要保持水温，根据各地环保的要求，可分别采用燃煤、燃油、燃气锅炉或供热管道等对水体进行加温处理。春夏季育苗期间亦要防止水温升高过快，可采用低温海水调节或喷淋降温方式处理。

第二节　育苗前的准备工作

一、饵料微藻的培养

开展育苗前，需要优先保障饵料微藻的供应。

目前市场上供应的饵料微藻的种类较少，鲜活产品的质量和供应的时效性难以保障，为满足单环刺螠育苗需求，匹配饵料微藻的培养车间是必要的。

研究表明，单环刺螠育苗期间主要用到的饵料微藻包括金藻、硅藻、扁藻等（唐永政等，2007；许星鸿等，2016）。

其他粒径较小的饵料微藻类，如微绿球藻、海水小球藻等也可用于苗期的藻类补充和水质调控（表2-1）。

在具体实施过程中，为保障育苗期间饵料微藻的及时、稳定和足量供应，一般应在育苗开展前1.5～2个月开始进行单胞藻的培养。

表2-1　用于水产育苗和养殖的常用饵料微藻种类及特征（参考文献修订）

品种	隶属	适宜温度（℃）	大小（μm）	应用范围
海水小球藻	绿藻门	25～30	3～5	水蚤等动物性生物饲料，水色及水质的调控
亚心形扁藻	绿藻门	20～28	3.5～14	贝类育苗、水蚤、轮虫培养
微绿球藻	绿藻门	2～4	25～30	贝类育苗，河蟹幼体及动物性生物饲料，水色及水质的调控
中肋骨条藻	硅藻门	25～27	6～7	斑节对虾、河蟹育苗
牟氏角毛藻	硅藻门	25～30	4.6～9.2	斑节对虾、泥蚶育苗
三角褐指藻	硅藻门	10～15	3～20	甲壳类、贝类及棘皮动物的幼体饲料、水蚤
威氏海链藻	硅藻门	20～30	1～20	贝的幼体
小新月菱形藻	硅藻门	15～20	2～23	甲壳类、贝类及棘皮动物的幼体饲料、水蚤
叉鞭金藻	金藻门	24～28	5～7	贝的幼体
湛江等鞭金藻	金藻门	25～32	5～7	贝类及棘皮动物的育苗
等鞭金藻3011	金藻门	20～30	2.4～7.1	贝类及棘皮动物的育苗、水蚤
绿色巴夫藻	金藻门	15～30	4～6	甲壳类和贝类的育苗
钝顶螺旋藻	蓝藻门	30～37	(400～600)×(4～5)	观赏鱼配合饲料、贝类和甲壳类育苗

饵料微藻的培养一般按照三级扩培的方式进行。

一级培养可采用玻璃三角瓶或小塑料桶，二级培养用50～100 L的塑料桶或小水泥池（3 m×2 m×0.7 m），三级培养可用藻类培养池（6 m×2 m×0.7 m）或效率更高的新型光照培养设施（图2-1）。

图2-1 育苗企业的饵料培养车间（图片由莱州市顺昌水产有限公司提供）

1. 藻种的选择与保存

通常认为，对于滤食性的海洋生物来说，饵料微藻的选择主要取决于藻类粒径大小与水产幼体口径的关系（赵伟等，2019）。同时藻种的营养成分也是非常重要的选择依据之一（表2-2）。研究发现滤食性海洋生物对于微藻种类也具有一定的选择性，可能通过其体表或体内的生物传感器，选择适合身体生长需求的饵料进食（聂世海，1998；杨创业等，2016）。单环刺螠是否存在饵料选择的机制，以及如何实现选择性进食的机理尚未知。

表2-2 8种常见饵料微藻的氨基酸组成（%总氨基酸）
（摘录并修订自马志珍，1992）

氨基酸种类	小球藻	杜氏藻	亚心形扁藻	牟氏角毛藻	三角褐指藻	中肋骨条藻	湛江叉鞭金藻	绿光等鞭金藻
必需氨基酸								
异亮氨酸	3.2	4.2	4.1	5.6	5.1	3.9	5.1	4.4
亮氨酸	9.5	8.5	8.4	8.1	8.9	7	8.8	8.3
赖氨酸	6.4	5.4	5.9	6.8	5.1	5.7	3.4	5
蛋氨酸	1.3	1.2	1.5	1.8	1.9	2.5	0.5	1.8
苯丙氨酸	5.5	6.2	5.7	6.3	5.7	5.6	8.2	3.8

续表

氨基酸种类	小球藻	杜氏藻	亚心形扁藻	牟氏角毛藻	三角褐指藻	中肋骨条藻	湛江叉鞭金藻	绿光等鞭金藻
苏氨酸	5.3	5.9	4.6	4.4	5.7	4.1	6.4	5.2
色氨酸	—	—	—	—	—	1.1	—	—
缬氨酸	7	5.5	6.6	0.4	6.4	5.9	8	6.2
精氨酸	6.9	7	7	6.7	9.6	12.1	5.2	4.7
组氨酸	2	1.8	2.1	2.2	1.4	1.5	1.3	2.1
必需氨基酸	47.1	45.7	45.9	42.3	49.8	49.4	46.9	41.5
非必需氨基酸								
丙氨酸	9.4	7.6	8	6.8	8.3	4.8	8.7	15.2
天门冬氨酸	9.3	11.1	10.6	10.4	10.8	10.8	12.7	9.1
胱氨酸	—	0.4	0.5	0.7	0.6	—	—	—
谷氨酸	13.7	12.7	12.6	16.5	13.4	17.1	12.9	11.2
甘氨酸	6.3	6.2	6.7	6.6	7	5.3	6.7	11.6
脯氨酸	5	5.9	5.6	4.5	4.4	4.5	4.3	5.5
丝氨酸	5.8	5.3	4.5	5.9	5.1	3.9	5.5	5.5
酪氨酸	2.8	6	5.6	6	3.2	4.2	1.8	0

2. 藻种的复苏（一级培养）

由于藻种的纯化、保存和复苏需要较高的技术水平和实验条件（图2-2），多数育苗场不具备长期保存藻种的能力。通常做法是在开展藻类培养前，与专门从事藻种鉴定、保存和繁育的公司或大学、科研机构等提前联系，明确要使用的藻种类型，商定获取藻种的时间。相关单位接到订单或委托后，会对本单位长期保存或连续培养的藻株进行复苏、复壮，并进行必要的纯化和鉴定工作。

育苗企业拿到藻种后，需尽快检测藻类的纯度，进行藻种的扩培。

具体做法是：根据藻种培养所需要的营养成分，配置合适的培养基，在无菌三角烧瓶或塑料瓶中进行藻种的扩大培养。在此过程中，需要经常通过普通光学显微镜观察藻种的形态和纯度，判断藻种的生长状态，并分析是否有杂藻或原生动物的污染（刘远等，2007）。

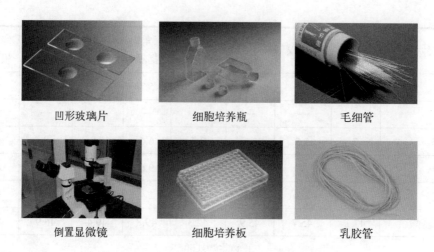

| 凹形玻璃片 | 细胞培养瓶 | 毛细管 |
| 倒置显微镜 | 细胞培养板 | 乳胶管 |

图2-2　实验室用于微藻分离纯化的用具

常见的微藻藻种一般可用改良型F/2培养基进行培养，具体成分如表2-3所示。

表2-3　海水F/2培养基配方

主要成分	浓度（g/L）
Na_2EDTA	4.16
$FeCl_3 \cdot 6H_2O$	3.15
$CuSO_4 \cdot 5H_2O$	0.01
$ZnSO_4 \cdot 7H_2O$	0.022
$CoCl_2 \cdot 6H_2O$	0.01
$MnCl_2 \cdot 4H_2O$	0.18
$Na_2MnO_4 \cdot 2H_2O$	0.006
维生素B_{12}	0.000 5
盐酸硫胺素	0.1
生物素	0.000 5

具体操作方法为：

（1）将配置好除菌后的培养基成分依次加入500 mL或更大的无菌三角瓶中，液体体积不超过瓶子容积的2/3；

（2）取出藻种，用移液管或移液枪按照培养基体积的1/10转入培养瓶中，如果藻种浓度很低，可适当增加转入的体积，但不宜大量转入。操作过程中避免人为污染；

（3）将接种后的三角瓶用无菌塑料布或纱布封好瓶口，在密封材料上用经过灼烧消毒的大头针扎几个孔以透气。放置在光照充足的地方进行培养。将微型曝气头深入瓶底充气培养，可分别于每天的上下午定时摇匀，防止藻液沉淀；

（4）培养开始72～96 h后，每间隔24 h，利用光学显微镜观察藻类的生长状况。待培养至对数生长期时，尽快转入二级培养。

3. 藻种的扩大培养（二级培养）

将扩大培养后的藻类培养液作为种子。新鲜过滤海水煮沸除菌后，倒入15～30 L的玻璃/塑料桶或一次性藻类培养塑料袋中，按照不同藻类的要求加入相应的营养盐成分。将种子培养液按照1∶10～20接种量接种。接种后，可用除菌的带孔塑料布或纱布封口，24 h连续充气，日光或辅助日光灯照射（图2-3）。每天视藻液的颜色、浓度、生长情况添加营养盐和培养用水。经5～6 d即可供三级生产性培养（吴杨平等，2018）。

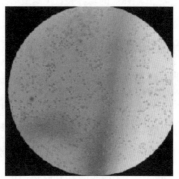

塑料袋扩培　　　　　　　　　　显微镜观察

图2-3　藻种的培养（塑料袋培养与显微镜观察）

4. 藻种的养殖（三级培养）

将消毒后的海水打入藻类培养池中。二级培养后的藻类培养液作为种子。接种量据情掌握，但不宜低于1∶50。连续充气，充气量达到藻液翻腾为宜。根据天气状况，一般经7～10 d培养，藻细胞达到一定密度时，即可用于投喂。

5. 新型培养方式的应用

常规的藻类培养池由于采用露天方式培养，容易造成杂藻和原生动物的污染，导致培养失败。用于微藻规模生产的新型光照培养设备或设施亦可用于饵料微藻的培养，如管道式光反应器、一体式跑道池、新型平板式反应器等（图2-4）。用这类设备或设施进行微藻饵料的培养，不仅效率可以大大提高，而且培养的藻类污染少、藻类生长状态较为同步。有条件的厂区可以在饵料养殖中适当运用（倪学文，2005；吴杨平等，2018）。

图2-4　饵料微藻的培养装置（跑道培养池，管道式光反应器与饵料车间连用）

二、非单胞藻类辅助饵料的准备

在单环刺螠育苗实施过程中，特别是夏季高温期育苗期间，由于受到高温、高光照、雨水等的影响，有时难以避免出现单胞藻类的供应不及时、不足量的现象。为避免对育苗产生影响，有必要准备辅助性饵料。包括购置和冷冻储存鲜活酵母、准备一些大型海藻如角毛藻、马尾藻、鼠尾藻等的精细粉碎粉等。育苗时也可用此类辅助饵料与单胞藻共同饲喂，以提高苗种的健康水平（唐永政等，2007；许星鸿等，2016）（表2-4）。

表2-4　育苗期间饵料的选择参考

育苗时期	饵料组成
开口饵料	金藻、硅藻
浮游期饵料	金藻、硅藻、扁藻、小球藻，酵母粉、海藻粉等
附着后饵料	小球藻、扁藻、海藻粉（马尾藻、鼠尾藻、螺旋藻粉等）、海水养殖产品加工副产物（扇贝边粉、螺粉等）
幼苗至大规格苗种	海藻粉（马尾藻、鼠尾藻、螺旋藻粉等）、海水养殖产品加工副产物（扇贝边粉、螺粉等），幼参配合饲料等

三、育苗池及育苗用具的消毒处理

对育苗池、滤水池、底质以及育苗过程中用到的工具如纱绢、隔离网等进行消毒处理。

附着基和底质投放前经充分曝晒，用40～60目筛网过滤，去掉杂质和大颗粒物质，加入一定浓度的海水养殖专用消毒剂浸泡12 h，用过滤海水冲洗干净备用。

第三节　单环刺螠的人工育苗

一、亲体的选择与暂养

目前单环刺螠尚未有国家认定的标准苗种，用于采集精卵的单环刺螠亲体主要依靠天然采集。一般来源于自然盛产海域及自然栖息地。如自然亲本获取困难，也可利用本地池塘引种养殖的成熟个体。亲本采集后，要尽快妥善运输至育苗场。

1. 亲本采集时间

单环刺螠一年中有春、秋两个繁殖期，亲螠的成熟时间与不同地区的水温上升速度有关。春季育苗一般在每年的4月至5月中旬选取亲本；秋季育苗一般选择在每年的10月中下旬至11月中旬采集亲本。以烟台地区为例，莱州地区成熟亲螠的采集时间一般在4月中下旬至5月中旬，而在牟平金山港地区，一般在5月上旬至6月中旬（李海涵等，2019；刘学迁等，2019）。

2. 亲体挑选标准

拟作为亲本的单环刺螠体长不小于20 cm，体重不小于50 g。体色根据自然产区的特点，一般选择肉红色或桃红色；色泽鲜亮有光泽；体表要求完整，无明显损伤；虫体肥大粗壮，活力较好，伸缩能力强；由于繁殖季节单环刺螠的肾管中充满了成熟的卵子或精液，用灯照射或自然光下即可透过体壁清晰看到橘黄色或乳白色的肾管，选择亲本时，个体的肾管指数以6%以上为好（图2-5，见彩图12）。

图2-5　种肠的选择

（摄于山东蓝色海洋科技股份有限公司）

3. 亲体的运输

根据育苗场所的远近，亲本的运输方式可用干露运输或加水运输。不管采用哪一种方式，运输过程中保持避光、避雨、避风。避免外界环境对其产生刺激。

（1）干露运输

温度应保持在20℃以下，运输过程中可用过滤的冰海水淋浴降温。单环刺螠干露状态下虫体活动很弱，只有直接的接触刺激时，虫体才会出现伸缩，因而干露时其自身能量消耗较小，时间最好不超过28 h；但在经常淋水保持虫体表面湿润条件下可长达50 h。

（2）加水运输

温度保持在20℃以下，可使用容积为20 L左右的双层聚乙烯塑料袋包装，以每袋装水1/3、亲本不高于1.5 kg，充氧密封后放于泡沫箱等容器内，然后加入冰块等降温运输，运输时间控制在20～24 h（王力勇等，2017）。

4. 亲本的暂养

亲本运输至育苗场后，为保证精卵的成熟度一致，可进行短期暂养。暂养的条件如下：

（1）水质要求

暂养期间水温不宜过高，保持在15～20℃（有报道称16～22℃）为宜；盐度26～32（报道中单环刺螠的盐度适应范围为17～37，适宜范围19～35）；pH值7.2～8.6（报道中单环刺螠的pH值适应范围5.0～9.5，最适6.5～8.5）；光照≤1 000 Lx。暂养期间应连续充氧，溶解氧保持在≥5 mg/L，当溶氧量低于0.71 mg/L时，个体会有不适反应；低至0.53 mg/L时，个体会发生死亡。

（2）换水周期

每天换水1～2次，每次换水量约为总水量的1/3，若水质保持良好，也可减少换水次数或换水量。若暂养周期较长，最好每间隔3～4 d彻底更换池水1次，并及时清除池底残留的污物。

（3）暂养池要求

暂养池面积以10～30 m²，池深1.0～1.5 m为宜；池底铺设粒径0.1～1.5 mm的海沙沙床作为栖息基质，沙床厚度不少于30 cm，最好在40～50 cm。

（4）暂养密度

暂养密度越低越好，考虑设施利用率与管理成本等因素，密度保持在1～2 kg/m²（或5～6个/m³）为宜。

（5）饲料选择

种螠运输到暂养池中第1 d可以不投喂，1 d后投喂硅藻、金藻、海洋酵母等饵料，投喂海藻粉等代用饵料时，最好搭配投喂活体饵料，以单胞藻、海洋酵母、海藻粉混合投喂效果最好。日投喂量$8×10^5 \sim 1.2×10^6$ cell/mL，根据单环刺螠的摄食节律（参照第一章），可分3～4次投喂（孙涛等，2017）。

（6）密切观察

暂养期间需对亲本的状态进行密切观察。可采用随机抽样的方法，用可见光或手电筒照射，透过体壁观察肾管状态。当肾管饱满，呈现明亮的橘黄色（母本）或者乳白色（父本）时，说明卵子或精子已大量成熟，可用于采卵。

二、精卵的采集

单环刺螠精卵的采集可分别采用自然排放和人工解剖法。

1. 自然采集法

亲体发育成熟后，在暂养过程中会出现自然产卵现象。为保证排放量，可采用阴干处理的方法刺激集中排卵（图2-6，见彩图13）。

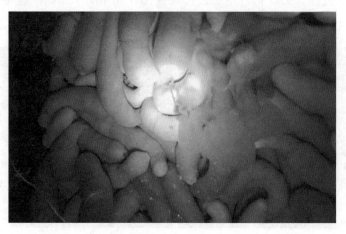

图2-6　单环刺螠（海肠）精卵的自然采集（崔久文摄）

具体方法为：

将亲本取出后，表面消毒处理，置于5～8℃环境下阴干处理2～3 h。然后将处理后的亲螠放入产卵池或采卵网箱中，促进自然排放。此时需要密切关注个体的产卵情况，用搅耙轻轻搅动产卵海水，防止粘连沉淀。当卵密度达到约20粒/mL后，需将亲螠移到其他产卵池中，防止卵密度过大。

自然催产结束后，捞出亲体。同时在水体中添加1～2 g/m³水产用抗生素，保持微量充气。

2. 人工收集法

由于单环刺螠亲体的性成熟度不一，造成精卵排放不集中，容易导致幼体成活率低、发育不同步等问题，增大育苗的难度。因此可采取解剖方式获取精、卵并实行人工授精（唐永政等，2007；许星鸿等，2016）。

具体方法简要介绍如下（图2-7，见彩图14）。

（1）通过观察肾管颜色，区别并将雌雄个体分别置于不同容器中。

（2）用消毒后的解剖剪剪除发育成熟的亲体体壁。剪口不宜过大，避免剪到充满生殖细胞的肾管盲端。轻轻取出肾管，分别将雌、雄个体的肾管收纳于不同的消毒后的容器中。

（3）雌性肾管（淡黄色或橘黄色）经过滤消毒海水冲洗后，剪刀剪碎，用20～60目筛绢网过滤，去除肾管组织。将收集的卵子放入100～200 L的过滤海水中，加气石曝气，使卵子悬浮，制成卵子悬液。

（4）雄性肾管（乳白色）采用同样的方法，即用过滤海水冲洗后，剪成小段，用100目筛绢网过滤，去除肾管组织，过滤到10～20 L的消毒后的桶中，加入气石曝气，制备精子悬液。

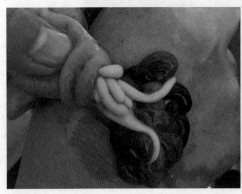

图2-7　单环刺螠精（白色）、卵（黄色）的人工采集

（马斌摄于莱州市明波水产有限公司）

三、受精与孵化

根据精卵的采集方式不同，可分为辅助自然授精和人工授精两种。

1. 辅助自然授精

采用自然采集法实现单环刺螠排放精卵后，根据产卵池中卵的数量，要严格控制精卵的比例。可取样在显微镜下观察，每个卵周围有 3 ～ 5 个精子即可。若产生的精液过多会污染水质，影响孵化率。为控制精子过多，要在产卵后及时捡出雄性个体，或通过逐步添加雄性个体的方式控制精子数量。

2. 人工授精

采用人工采卵的方式收集的卵子与精子悬液，用显微镜计数。经计算后，控制精、卵比例，将精子悬液缓慢加入卵子悬液中，按精卵比为5∶1 ～ 10∶1进行混合，过程中用搅耙轻轻搅拌，使精子与卵子混合均匀，期间保持充气，避免精卵沉降。

不管采用哪种方式收集精卵和授精，在过程中一定要及时用显微镜观察卵的受精情况。一般以每个卵子周围有3 ～ 5个精子（注：有报道称10 ～ 15个精子）为宜。授精后20 min镜检，若发现卵的受精膜已举起，说明授精成功，可以进行下一步操作（唐永政等，2007）。

3. 洗卵

授精后，停气静置10 min，排出上层1/2水，再加水混匀，反复洗卵 3 ～ 4 次，至水澄清为宜。操作过程不断取样镜检，直到卵子全部受精。

4. 孵化

将完成受精后的卵子取样，计算总量，按比例移入孵化池中孵化。孵化池水深保持在1 ～ 1.2 m，受精卵密度控制在5 ～ 10个/mL（有报道称10 ～ 15个/mL）（许星鸿等，2020）。

孵化期间水温控制在15 ～ 18℃，盐度26 ～ 32，pH值7.6 ～ 8.5，光照低于500 Lx，保持连续充气，每小时搅池1次，以防胚胎沉底，并适当补充新鲜海水，及时镜检观察发育情况（图2-8，见彩图15）。

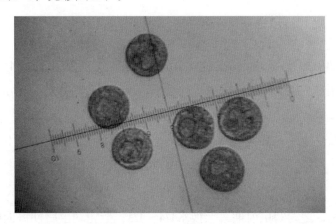

图2-8　受精卵孵化（原肠胚期）（摄于山东蓝色海洋科技股份有限公司）

受精后15～17 h，受精卵发育成可在膜内转动的担轮幼虫，胚体上浮；受精后22 ～36 h破膜，发育成担轮幼虫（图2-9，见彩图16）。

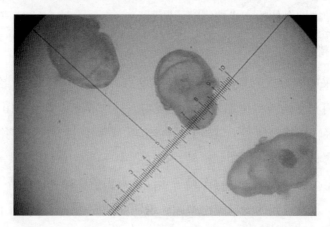

图2-9　浮游期幼虫（担轮幼虫）（摄于山东蓝色海洋科技股份有限公司）

5. 选幼

胚胎上浮后，用虹吸法或200目筛绢收集上层幼虫，转移到事先准备好的育苗池中培育，孵化池中的受精卵继续孵化。根据培育池的面积，一般需选幼3～6次。

四、浮游期幼虫的培育

从担轮幼虫开始至蠕虫状幼虫前期，单环刺螠幼体主要营滤食性浮游生活，也称为浮游期幼虫。

浮游期幼虫培育的主要要点包括以下几项。

（1）环境因子

水温控制在15～23℃，盐度为26～32，pH值7.5～8.5，溶解氧5 mg/L以上，氨氮小于0.2 mg/L。

（2）培育密度

初孵担轮幼虫培育密度控制在1～8个/mL；担轮幼虫控制在1～4个/mL；体节幼虫培育密度控制在1～2个/mL；蠕虫状幼虫培育密度控制在0.3～1个/mL。

（3）充气

每2 m²设置1～2只气石，连续充气，气量随幼虫生长逐渐增加，以满足水中溶解氧的需求。

（4）换水

视水质情况，担轮幼虫前期每天换水1/4～1/3；担轮幼虫后期每天换水1/2；体节幼虫期每天换水1~2次,每次换水量为池水的一半;蠕虫状幼虫期每天换水2次,每次换水量为池水的一半;浮游幼虫培育期间要减少不必要的倒池操作,每间隔2~3 d吸底清污一次,以防水质恶化。

(5)投饵

浮游幼虫前期混合投喂金藻、硅藻、小球藻、海洋红酵母等,后期可添加投喂扁藻。初孵担轮幼虫,水中保持饵料细胞数量为$(1~2)×10^4$ cell/mL;担轮幼虫后期,投喂量增加至$(4~5)×10^4$ cell/mL;体节幼虫时,投喂量$(6~8)×10^4$ cell/mL;出现蠕虫状幼虫时,饵料投喂量达到$10×10^4$ cell/mL以上。饵料投喂量应根据幼体摄食、水质指标等适时进行调整(唐永政等,2007;许星鸿等,2016)。

五、附着基投放及幼螠培育

当单环刺螠幼虫发育至蠕虫状幼虫期(图2-10,见彩图17),逐渐下沉至池底,此时需尽快投放附着基,开始转入幼螠培育阶段。

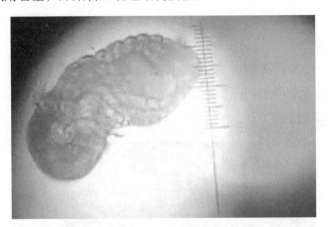

图2-10 附着前幼虫(体节幼虫)(摄于山东蓝色海洋科技股份有限公司)

(1)附着基投放

将处理好的附着基(海沙)装入30 cm×40 cm×10 cm的塑料托盘整齐沉入池底,等待幼虫附着。附着基的前期处理同底质。

(2)环境因子

水温10~26℃,盐度22~33,pH值7.5~8.5,溶解氧5 mg/L以上,光照低于2000 Lx。

(3)分苗

幼虫附着后,可随机抽取几个附着基,计算幼虫数量(图2-11)。根据附着基中幼虫的平均数量,将其分别转移至幼螠培育池进行培养。

图2-11　附底后的育苗池（摄于山东蓝色海洋科技股份有限公司）

（4）底质投放与更换

幼螠培育池中铺设底质。底质可使用粒径≤1.5 mm的海沙。投放前底质和附着基要经充分曝晒，用40目筛网过滤，去掉杂质和大颗粒物质，加入一定浓度的海水养殖专用消毒剂浸泡12 h，过滤海水冲洗干净后，铺装到幼螠培育池底部。铺装厚度为3～6 cm。之后将蠕虫状幼虫移入已铺装底质的新池中。培养一段时间后，底质如果污染严重，需及时更换。底质更换时，新底质须经严格消毒后使用，铺设厚度随幼虫的生长适量增加。在倒池操作时，可用150～300目网箱或筛绢收集幼虫（图2-12，见彩图18）。

图2-12　稚螠（摄于山东蓝色海洋科技股份有限公司）

（5）培养密度

幼螠培育期的培育密度要根据幼螠的个体生长进行适时调整。前期控制在20～30个/cm²。随着个体生长逐渐减小密度，当生长至0.1～0.2 g时，控制在

$0.1\sim0.5$个/cm²。

（6）换水

每天换水$1\sim2$次，每次换水1/3。

（7）充气

连续充气，充气量适中。

（8）投饵

饵料品种除单胞藻外，可进行人工配合饲料的使用。主要使用螺旋藻粉、鼠尾藻粉、石莼粉、幼参配合饲料等（王卫平，2020）。投喂量根据水温、苗种数量和摄食情况确定，以投喂饵料后$4\sim5$ h内池水变清为宜。幼螠分$2\sim3$次投喂，日投喂量$(1\sim3)\times10^5$ cell/mL。

幼螠体长达到 10 mm 以上，体重达到 0.1 g 以上，便可投放到适合生长的室内养殖池、室外池塘、滩涂或海区进行放养（图2-13）。

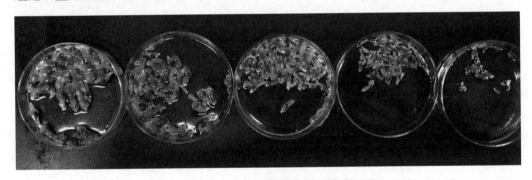

图2-13　不同规格的单环刺螠苗种

六、大规格苗种的培育

当室外条件不充分时，如春季育苗后期正逢夏季高温，也可转入大规格苗种的培育阶段（图2-14）。

大规格苗种的培育阶段，在幼螠培育的基础上，稍作变化。

主要表现在以下几方面。

（1）环境因子

水温控制在$10\sim26$℃，盐度$22\sim33$，pH值$7.5\sim8.5$，溶解氧不低于5 mg/L，光照低于2 000 Lx。

（2）及时分苗

根据苗种的生长状态，要及时降低养殖密度，避免密度过高导致水质恶化和病害发生。具体实施过程中，可依据下表2-5进行操作。

图2-14　大规格单环刺螠苗种（摄于莱州市顺昌水产有限公司）

表2-5　苗种大小与养殖密度参考表

苗种大小（头/kg）	苗池密度（头/m²）
8 000～12 000	500～1 000
4 000～8 000	400～600
2 000～4 000	300～500
1 000～2 000	200～400
1 000以上	100～200

（3）底质更换

底质可使用粒径0.5～1.5 mm的海沙或含泥量不高于30%的海泥（孙阳等，2019；李海涵等，2019）。投放前底质的消毒同幼螠时期的操作。铺装厚度根据苗种的大小做适度调整，一般在5～10 cm。

此阶段由于苗种摄食和排泄增强，底质污染速度加快，需及时吸底排污。当污染严重（如发现大量苗种从底质逃逸、底质变黑发臭时），要及时完成底质更换。

（4）换水

每天换水2～3次，每次换水1/3～1/2，流水更佳。

（5）充气

连续充气，充气量适中。

（6）投饵

此阶段以人工配合饲料的使用为主，有条件的可附以单胞藻、酵母、水产益生菌等。投喂量根据水温、苗种数量和摄食情况确定，以投喂饵料后3~5 h内池水变清为宜。每日仍分2~3次投喂，可选择早晨6:00或晚上8:00左右投喂（孙涛等，2017）。

七、育苗期的注意事项

单环刺螠的苗种培育是个精细活。在具体实施过程中，育苗场区一般需要配置育苗工程师和饵料工程师，同时需要配置进行倒池、养藻、饵料配置的车间工人若干名。在育苗期间，及时对发现的问题进行处理和处置，最大限度保证育苗的成功率和苗种的成活率。以下梳理几点供参考。

1. 苗种聚集的处理

在水温变化剧烈、倒池或大量换水等操作后，特别是在每年11月前后，水温较低时，幼螠常常会在凌晨集体逃出栖息的洞穴，造成局部聚集。养殖过程中应当密切观察、及时发现、及时进行疏散，避免因局部密度过大而造成缺氧死亡。

2. 病害防控

目前影响单环刺螠生长和健康的水产疾病较少。育苗期间，尽量通过科学的管理和处置，减少病害的发生。

育苗期间，要增加巡视力度，发现病死苗及时捞出；发现有病害发生时，及时移池，对发病池进行彻底消毒，并对底泥进行更换。

6—7月，外海海水中有较多的桡足类等其他生物，在沙滤不彻底时容易进入养殖池，在水温合适、饵料充足下会大量繁殖。桡足类数量过多时，对幼螠的生活有一定的影响。当桡足类较多时，通过倒池、冲底或换沙等方法解决（刘学迁等，2019）。

当因水质突然变差、底质无问题但大量幼虫不肯潜入时，可适当投放国家规定可以使用的水产药物，用药量要严格按照推荐剂量使用。

3. 温度控制

单环刺螠的苗种可在8~26℃生存，19~25℃时生长最佳，水温低于5℃或高于27℃时，其摄食量和活力明显降低（康庆浩等，2002）。其间要减少投喂饵料。当水温超过30℃时停止进食并易发生大量死亡。春季育苗后期，高温期的出现会对育苗造成很大影响。需要及时增加育苗车间的通风，有条件的可使用深井海水调节水温，或通过喷洒低温井水给育苗棚降温。

4. 饵料、饲料的使用

育苗前期单胞藻的使用不可避免，保证及时足量供应很有必要。育苗后期，人工配合饲料的使用可减少对鲜活单胞藻的依赖。除商业化饲料外，其他配合饲料最好现配现用，避免长期配置导致饲料变质，影响苗种健康（图2-15）。

（1）浮游期饵料

利用饵料车间养殖的饵料藻，前期可采用100%金藻饵料，开口后可混合金藻、硅藻；浮游后期可添加扁藻、小球藻进行饲喂。

（2）附着后饵料

马尾藻粉30%～35%，鼠尾藻粉22%～25%，扇贝边粉15%～20%，螺粉5%～10%，同时可添加5%～10%的海洋红酵母、芽孢杆菌、光合细菌等制剂。

（3）大规格苗种培育饲料

在幼苗期的饲料基础上，可适当减少高价组份的使用，降低养殖成本。饲料主要成分包括：马尾藻粉40%～50%，鼠尾藻粉40%～50%，扇贝边粉20%～30%，同时添加5%～10%的小球藻。也可混合使用幼参人工复合饲料。

图2-15　饲料的人工配置（摄于莱州市顺昌水产有限公司）

5. 水质和底质的维持

单环刺螠育苗期间，为维持水质稳定，减少底质更换周期，在进行常规的排污、换水的同时，也可适量增加芽孢杆菌、光合细菌、EM菌等微生态制剂的使用，改善水质底质的同时，也可提高海水养殖生物的存活率。同时，该类细菌也可作为单环刺螠幼苗的饵料，减少高值饵料的消耗。

第三章　单环刺螠的工厂化养殖

我国主要海水养殖生物品种的工厂化室内养殖技术已较为成熟。部分品种的规模和产量均居全球前列。以山东沿海地区为例，目前养殖的品种较为齐全，包括鱼、虾、蟹、贝、参等。不仅很好地满足了市场需求，同时也提高了沿海养殖户的经济效益。但近年来随着海水养殖产品的市场价格波动加大，饲料、饵料、人工成本的逐渐升高、病害问题日趋严重，许多养殖户时有入不敷出的情况出现。以至于部分养殖户和养殖企业产生了减小养殖规模、更换养殖品种，甚至干脆减产、转行的想法。

单环刺螠作为一个新兴的养殖物种，与成熟的鱼类、虾类产品相比，市场需求稳定、价格较为坚挺，地域特色突出，是一个很有市场前景的养殖品种。目前在辽宁、河北、山东等地区已经开始了规模养殖的实验和测试。

目前围绕单环刺螠的养殖大体可分为室内工厂化养殖、室外池塘养殖、滩涂增养殖等主要方式。本章主要介绍开展单环刺螠工厂化室内养殖的一些基本原则和技术规范。

室内工厂化养殖具有养殖密度高、环境因素可控、养殖风险较小等优势，特别适合新型养殖品种的前期测试和规模放大研究。但也存在养殖的规模较小、饵料、人工、水电动力等成本较高的缺点。在没有可利用的室外养殖区，或自然海区不适合开展单环刺螠增养殖的沿海地区，开展单环刺螠的室内工厂化养殖是一个优选的替代方案。

第一节　养殖设施

工厂化养殖场选择的海域应没有污染源。海水水质相对稳定，水质清澈、潮流畅通；避风防潮条件好、方便构筑提水给水工程的海岸带区域。

单环刺螠工厂化室内养殖所需的基础设施包括养殖池、饵料车间（单胞藻生产车间和人工复合饲料配置车间）、海水过滤系统、水电气配套设施等（吴明月，2018；宋晓阳等，2019；陈秀玲等，2019）。

一、养殖池

一般采用水泥池，长8～10 m，宽2～4 m，池深度为1.0～1.5 m（图3-1）。由于在养殖过程中需要不断更换底质，为减少操作时间和成本，单池面积不宜过大，一般在80～100 m²。具体大小也可根据各养殖车间的面积而定。要求池内设有进排水口，池底具有一定坡度，向排水口倾斜；池子上方或侧面布设充气、曝气管道。

单环刺螠属于底栖生物，自然界中长期生长于暗环境中。同时为保持养殖池中水温恒定，一般需要在养殖车间顶层覆盖油毡布进行避光处理。

在具体实施中，也可由现有的对虾、鱼类、贝类养殖池、育苗池等改造实现。

图3-1　单环刺螠养殖车间（摄于莱州市顺昌水产有限公司）

二、饵料车间

单环刺螠养殖过程中，根据投苗的规格，可采用单胞藻配合人工复合饲料的方式进行生产。有条件的厂区可以单独设置饵料生产或配置车间。若条件不允许，也可在室外或养殖车间的空闲位置进行，注意做好原材料的防雨、防潮、防霉变等措施。

三、海水过滤系统

养殖用水的优劣直接决定了养殖的成败。单环刺螠养殖中，一般采用过滤海水、深井盐水等。

天然外采海水在入养殖池前，需至少经过沙滤、沉淀、日晒等处理；有条件的厂区可酌情增加紫外消毒过程，保证生产用水的安全（吴明月，2018）。采用循环水养殖的厂区，亦需配套一定规模的海水过滤系统，以实现用水的添加、补充或应急更换（陈秀玲等，2019）。

不管采用何种水源，在生产使用前，务必要对进入车间的水质进行测试。达到或满足生产需求才可使用。水产用海水水质达到《渔业水质标准》（GB 11607—1989）的要求。用水水质符合《无公害食品 海水养殖水质 》（NY 5052—2001）的要求，排水水质应符合《海水养殖水质排放要求》（SC/T 9103—2007）的要求。

四、电气配套

主要包括用于水泵、气泵、照明，以及紫外、臭氧等消毒设备、温控设备等的电力需求。具体可参考第二章育苗的要求。

第二节　养成及管理

一、准备工作

种苗投放前，需对养殖场所的供水、供电、供气等设施进行系统检查，查缺补漏。关键的供气、供电设施须有备用方案和应急措施。

对养殖池、养殖用具如纱绢、隔离网等进行清洗，并用生石灰水、消毒液等彻底消毒，有条件的可经暴晒后晾干备用。

二、底质铺设

由于单环刺螠营洞穴生活。洞穴对于其摄食和生长至关重要。开展单环刺螠的工厂化养殖，必须在养殖池底铺设底质。

根据苗种的大小，底质铺设厚度以20～50 cm为宜。随着单环刺螠苗种的生长，以及气温、水温的变化，底质厚度可适当增减。

底质可选择海沙或海泥。海泥的含泥量不能过高，以不高于30%为宜；沙质颗粒大小不宜过小或过大，以40～60目为宜。

在铺设前，底质要经充分曝晒，并用40～60目筛网过滤除去杂质，可加入一定浓度的海水养殖专用消毒剂浸泡8～12 h消毒，然后用洁净的海水冲洗干净备用。

关于底质的选择与单环刺螠生长的关系研究中，孙阳等分别用纯沙、含泥量10%～30%的海泥进行了单环刺螠幼螠的养殖实验。结果表明，纯沙组增重率最大730.56%，30%海泥组成活率最高（表3-1）。同时发现采用纯沙底质进行养殖，单环刺螠的体表皮肤变色率最高（孙阳等，2019）。

表3-1　不同底质对单环刺螠养殖的影响（摘自孙阳等，2019）

	纯沙	10%海泥	20%海泥	30%海泥
存活率（%）	85	80	85	90
增重率（%）	730.56	725.87	677.08	634.38

李海涵等测试了不同粒径底质对不同规格 [（0.30±0.16）g、（1.30±0.25）g]单环刺螠生长的影响（图3-2）。结果表明，（0.30±0.16）g规格的单环刺螠在纯泥底质的增重率显著低于泥沙混合组。而稍大规格的 [（1.30±0.25）g]单环刺螠，泥底质组增重率则显著高于泥沙混合底组。40目、60目的沙子粒径对单环刺螠生长的影响不明显（李海涵等，2019）。

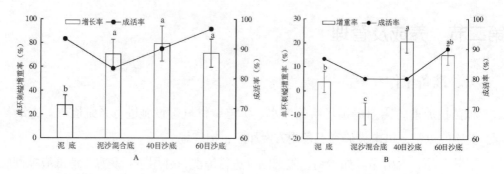

图3-2　底质对单环刺螠幼螠增重率及成活率影响（摘自李海涵等，2019）

三、苗种选择

一般选择正规育苗场生产的单环刺螠稚螠进行投放。选用规格为10～30 mm，总体要求为苗种合乎规格，死亡率、伤残率低，活力强。苗种的分类、分级可参考表3-2和表3-3。

具体操作中，种苗质量的鉴别可参考两方面：

①苗种外观无畸形、无明显损伤，大小、体色均一，颜色鲜亮；

②苗种活力较强，身体伸缩性良好，将其放入养殖池中后，能很快钻入底质中。

图3-3　不同规格的单环刺螠苗种

表3-2　单环刺螠苗种规格分类

分类	体长（mm）
一类	≥30
二类	≥20
三类	≥10

表3-3　单环刺螠苗种规格合格率及死亡率和伤残率要求

项目名称	一级	二级	三级
规格合格率（%）	≥95	≥90	≥85
死亡率、伤残率之和（%）	≤5	≤6	≤7

四、种苗运输

与亲体的运输类似。苗种的运输亦可采用干露运输或加水运输的方式进行（王力勇等，2017）。

（1）干露运输

温度保持在20℃以下，可加冰块或用过滤的海水淋浴降温。运输时间最好不超过28 h；在保持虫体表面湿润条件下可长达50 h。

（2）加水运输

温度保持在20℃以下，使用双层聚乙烯塑料袋包装，每袋装水1/3、苗种总量不高于1.5 kg，充氧密封后加冰块降温。运输时间控制在20～24 h。

不管采用哪一种方式，运输过程中要保持避光、避雨、避风。避免外界环境干扰对苗种产生刺激。

五、种苗投放

1. 投放方法

由于单环刺螠种苗收获需要排除泥沙，同时运输过程中也难免会产生一些机械损伤，因此在投放前，需细心检查种苗的状态。

投放前，一般需进行苗种的消毒处理。可采用含一定浓度抗生素的海水，如2～5 mg/L碘伏对苗种进行短时间（10～20 min）药浴。以减少或避免将海洋弧菌、原生动物等带入养殖池。

2. 投放密度

根据苗种的大小，投放密度可控制在300～1 000头/m²。在养成的过程中，随苗种的生长，要适时降低养殖密度（表3-4）。可在进行倒池、更换底质等操作时同步进行。

表3-4　苗种大小与养殖密度参考表

苗种大小（头/kg）	养殖密度（头/m²）
8 000～12 000	500～1 000
4 000～8 000	400～800
2 000～4 000	300～500

六、养成管理

1. 水质管理

维持良好的水质条件是海水养殖成功与否的关键所在。在养殖过程中，要建立水质管理与应急处理措施，建立水质检测与处置记录规则（吴明月，2018）。

养殖池中海水的温度控制在15～21℃，盐度控制在25～30，pH值为7.5～8.5，溶解氧最好控制在3～5 mg/L。

一般在养成的前2个月，每日换水1次，每次换水量为池体积的1/2，养成后期可适当延长换水周期，每2～3 d换水1次，每次换水量为池体积的1/3～1/2。

在夏季高温期，为避免高温影响苗种生长，应缩短换水周期，加大换水量。并及时对养殖池的水质因子进行测量并做好记录。

2. 卫生管理

虽然单环刺蛤的环境耐受性较强，但不合适的环境因子会阻碍其生长发育，甚至导致死亡（胡海燕等，2004）。

在养殖过程中，要做好养殖池的清理和维护。并根据生长情况及时清洗或更换底质。

养殖池壁如发现生长或吸附了较多的贝类、养殖池中或底质中产生了较多的贝类、虾蟹类等其他生物，或养殖池水或池底存在如桡足类等原生动物的情况下，需要对全池进行清理或消毒。具体操作可在倒池（图3-4）后，采用高压水枪冲洗，并适量投加生石灰、消毒液等进行处理。

当观察到底质明显黑化、取出后酸臭味明显，单环刺蛤虫体从洞穴中大量涌出，长期不愿回到底质中时（俗称"浮苗""起水"，如图3-5所示，见彩图19），说明底质环境已恶化，此时需考虑更换底质，或将底质消毒清洗后重新使用。

图3-4　倒池操作（王力勇提供）

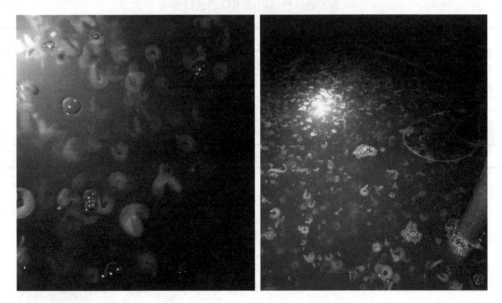

图3-5　单环刺螠工厂化养殖中的"浮苗"现象（崔久文提供）

单环刺螠工厂化养成过程中饲料或配料务必储存在阴凉、干燥的地方，防止饲料生虫、生霉，造成养殖生物生长受限。

3. 日常巡视

工厂化室内养殖属人工高密度养殖，养殖环境的突然变化、病害的发生等常会对生产造成难以估计的破坏。因此建立日常巡视巡查制度非常有必要。

在日常巡视中，要密切关注水质、摄食、供气等状况。有必要时可利用铁锹、漏网、小型采沙器等，挖掘、吸出底质，观察单环刺螠的生长和发育状况。并对发现的问题及时上报、汇总，从而进行有针对性的整改。

七、投饵

单环刺螠属于滤食性动物，在整个养成周期中，随着苗种的不断生长，需要对饵料、饲料的组成和含量进行优化和调整，从而满足单环刺螠在不同发育时期的营养需求。

具体饵料、饲料组成可参照表3-5。

在养成前期，有条件的厂区可进行鲜活单胞藻（金藻、硅藻、扁藻、小球藻等）的培养，配合饲料进行投喂或添加。养成后期主要以人工配合饲料进行投喂。饲料可在配置车间自行配置，或采购商品化的复合饲料。

表3-5　养成期间饵料的选择参考

	饵料组成
单胞藻	扁藻、小球藻粉，浓缩微藻液等
海藻粉	马尾藻、鼠尾藻、螺旋藻粉等
加工副产物	扇贝边粉、螺粉、其他内脏粉等
商业化饲料	幼参饲料、幼鲍饲料等
其他	酵母粉、芽孢杆菌、光合细菌等益生菌

单胞藻的投喂以新鲜培养的藻类为好，腐败、凋亡的藻类不堪用。厂区自己配置的饲料需经粉碎、混匀，过200～300目筛绢制成悬浮溶液后，可进行泼洒投喂。

日投喂量以单环刺螠体重的5%～10%为宜，根据单环刺螠的摄食节律，可分别选择在晚上和早晨进行。每天定点投饵2～3次。以投喂后3～5 h池水变清澈为好。

投喂量根据水温和虫体的大小判断，夏季高温或冬季温度较低时，要减少投喂次数和总量。

图3-6　养殖半年左右的单环刺螠
（大连养殖户提供）

八、收获

经过1～1.5年的养殖（图3-6），当单环刺螠个体生长至10～20头或以上时，即可收获后上市销售。

常用的采收方法为：确认收获后，对养殖池停止通气，并排出养殖池中的1/3水体。用气泵吹起底部泥沙，同时用捞网打捞浮起的虫体。这种方法效率高，对虫体造成的物理损伤较小。但对虫体大小无法区分。容易对未成熟个体造成损害。

九、病害防控

1. 病原生物控制

目前单环刺螠的养成过程中，尚未有报道存在导致其大规模死亡的病原微生物。但基于海水养殖的常识，海水中存在诸多能够导致或引发疾病发生的病原微生物，特别是随着养殖密度的增加、养殖周期的延长、养殖批次的增加、生产操作的不规范、苗种的退化等，极易导致一些致病性微生物的繁殖、积累和入侵，造成养成生物的大量死亡（吴明月，2018）。

因此，需要加强对病原微生物的控制。

一方面要加强生产的管理，在巡视、倒池中及时发现并剔除弱、病、死个体；另一方面，要科学合理的使用抗生素、益生菌等药物和制剂，维持好良好的水质、底质环境。

在实验室养殖中发现，单环刺螠个体死亡后，会释放出大量的血液、内脏等物质，导致水质迅速恶化，如若处理不及时，会导致周边个体因缺氧等批量死亡。严重时会发生整池死亡的情况（图3-7，见彩图20）。需要引起生产和管理人员的重视。

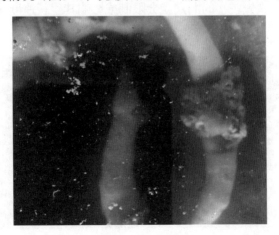

图3-7　实验中单个体死亡导致水质恶化

2. 敌害生物控制

养殖海水在交换的过程中，难免会引入一些贝类、原生动物，以及一些鱼类的受精卵等。由于单环刺螠属于底部栖息生物，一些肉食性的鱼类、蟹类是其自然天敌，同时一些滤食性的贝类等可与其竞争底质环境争夺饵料。造成饵料的实际利用率下降。在生产过程中，要通过日常的巡视、观察，及时清除这些敌害生物。

3. 日常生产管理

日常生产中涉及的管理要点主要包括以下几点。

（1）饵料的培养、制备和投喂，坚持定质、定量、定时、定位"四定"原则（吴明月，2018；陈秀玲等，2019）。

使用的单胞藻务必新鲜，培养过程中要严格操作，避免有毒藻类混入；配置人工饲料时，要足量及时，现配现用，随配随用，不可配置好后长期放置。

（2）转池、倒池要干净利落

在苗种采集、运输和投放中细心操作，特别是苗种较小时，不可粗枝大叶，避免对苗种和养成生物造成损伤。在日常的清理底质、换水、投饵等人工操作时，尽量减少停止曝气时间。在自然界中，单环刺螠生活于黑暗的环境中。养成中要尽量减少日光、灯光的照射时间。

（3）及时疏松、更换底质

单环刺螠在构建洞穴及在穴内摄食时，会不断的将身体表面分泌的黏液涂抹在内壁上，从而使洞穴周围的沙粒、泥土等粘结在一起。因此其所构筑的洞穴具有一定的结构强度，甚至在完全无水的环境中还可保持较长时间（图3-8）。因此随着单环刺螠个体的不断长大，原先较小的洞穴就会限制或影响其生长速度，需要及时对底质进行疏松或更换。

图3-8　单环刺螠构建的海底洞穴（已干燥保持1年，焦绪栋摄）

（4）做好日常操作记录

特别是在夏季高温期和冬季低温期，单环刺螠的生活习性和摄食会发生较为明显的变化。要仔细观察单环刺螠的生长状态，适时调整养殖池温度，缩减饵料投加，增加底质厚度。

4. 有益菌的使用

目前应用于海水养殖的益生菌，如硝化菌、芽孢杆菌、光合细菌、水产EM菌群等可消耗水体和底质中的氨氮、亚硝态氮、二氧化硫等有害物质，起到改善养殖环境、提高养殖水质的效果（钱怡等，2018）。同时这类微生物也可作为食物，提高单环刺螠的机体免疫力和抗病能力。

在日常生产中，可根据使用说明酌情添加，长期使用。有条件的厂区，也可利用饵料养殖车间进行相关菌种的繁育，达到降低成本的目的。

5. 药物的使用

单环刺螠的养成过程中，药物的使用相对较少。当发生病害或短时间内死亡较多时，可在倒池后、入池前用一定浓度的抗生素对单环刺螠进行药浴。在高温期如发生死亡情况，需要适当加大药物用量。具体可根据养殖情况而定。

6. 良种的培育

优良的品种是提高产量、增加经济效益的基础。目前单环刺螠尚未有国家认定的水产养殖品种，各养殖场在进行单环刺螠生产的同时，也可关注具有优良性状的个体的筛选。具体可根据个体的生长速度、单位质量、皮肤颜色、体壁厚度等进行。也可对获得的优良个体进行单独培养，或与相关研究院所合作，进行优良特征的鉴定。在实现经济效益的同时，为单环刺螠优良品种的选育提供力所能及的支撑。

第三节　混合养殖模式的探讨

单环刺螠的养殖周期相对较长，一般需要1.5～2年。由于单环刺螠是底栖的滤食性动物，主要生活于底质的洞穴中，依靠悬浮或沉降到底部的微生物、藻类、食物残渣为食，因此可与其他的海水养殖经济品种，如虾类、植食性鱼类、海参等进行混合养殖，从而实现养殖体系的立体利用，减少饵料、饲料的浪费，提高单位养殖水体的经济效益。

目前围绕单环刺螠与其他物种的混合养殖，已开展了单环刺螠与刺参等的工厂化混养试验。

2015年，宋晓阳等在辽宁大连某养殖场进行了单环刺螠与刺参混合养殖的试验。

2018年陈秀玲等在秦皇岛某养殖场也进行了类似试验。结果发现，单环刺螠与刺参混养，不仅可以充分利用水体空间，还能净化水质，避免因饵料沉降导致的水体和池底污染。提高了养殖生物的生长速度，降低了成本，增加了经济效益。

以下作为简要介绍，为拟开展混合养殖的单位抛砖引玉。

一、混养方法

采用刺参育苗池进行混合养殖。池底面积15 m²，高1.5 m。消毒后铺设30 cm，小于60目的干净海沙。水深1.4 m。在池中投放400头的单环刺螠苗种3 000尾，密度200尾/m²。待单环刺螠苗种潜入底沙后，在池内贴水面布设4个2 m×1 m×1 m的刺参养殖网箱，每个网箱中投放4 000头的刺参苗种180 g，间歇充气。日常投喂混合饲料，投喂量为单环刺螠重量的15%，每天两次投喂。每7天全量换水1次（宋晓阳等，2019）。亦可采用将单环刺螠与刺参直接布于池底的方式，操作方法大同小异（陈秀玲等，2019）。

二、混养结果

采用网箱混养试验进行到第6个月，收获16～20头/kg刺参1 058 kg，计算刺参成活率79%；继续进行至10个月，收获20～30头/kg单环刺螠920 kg，成活率98.7%。刨除成本，毛利润21万余元人民币。采用直接混养试验结束后核算发现，混合养殖的纯收益为34.64万元，平均效益达到346.4元/m²，投入产出比为1∶1.58。

在此过程中，避免了单独养殖单环刺螠或海参造成的饵料利用率低、水质环境压力大的问题，缩短了刺参的养殖周期，产生了较好的经济效益。

采用网箱隔离养殖的方式，避免了刺参与单环刺螠在池底部的地盘和营养之争，同时刺参产生的粪便又可为单环刺螠提供营养物质。也为单环刺螠与其他经济物种的混合养殖提供了很好的思路。

第四节　工厂化养殖的问题探讨

开展单环刺螠养殖的目的是利用人工营造的适合其生长的微生态环境，通过人工投饵，尽快将其培养至商品规格，以实现稳定批量的市场供应，满足市场消费者的需求。在养殖过程中，可通过养殖环境控制、水质管控、混合养殖等系列相关技术的使用，达到提高养殖存活率、加快生长速度，降低养殖成本的目的。

一、养殖的风险与收益

与传统的虾类养殖相比，单环刺螠的养殖周期较长，一般会在1年以上。同时单环刺螠的苗种生产尚未完全商业化，一般需养殖场自己育苗。如前期没有较好的技术和经验积累，贸然上马会存在一定的风险。

目前针对单环刺螠养成的专用饵料尚未实现商业化。一般会选用虾蟹或海参的饵料进行生产。有条件的会据经验积累进行配合饲料的制备。但前期用量很大的单胞藻目前也鲜见产品销售。这些都为开展单环刺螠的养成带来了一定风险。

从山东潍坊、辽宁大连开展的室内工厂化养殖成效来看，按照1年的养殖周期计算，一只0.5 g的种苗培养至60 g左右的市场产品所需要的饲料成本为0.4～0.6元，按照市场均价50元/kg计算，刨除人工和水、电、气成本，收益率在200%～300%。若开展与虾类等混合立体养殖，收益率还会有所增加。

二、病害防控的问题

病害问题一直是威胁海水养殖的"达摩克利斯之剑"。如大菱鲆腹水病、对虾白斑病、海参化皮病等（郁森，2014；李恒彬，2017；孙玉华等，2015），种种前车之鉴犹然在目，犹言在耳。虽然目前的单环刺螠养殖过程中，大规模病害的报道尚未见到，但绝对不可掉以轻心。实施养成中，一定要牢牢把好生产管理的质量。同时积极进行优良品种的选育工作，为这一特色生物资源的开发提供宝贵经验。

第四章 单环刺螠的池塘养殖

池塘养殖具有养殖规模大、养成成本低、充分利用自然资源等优点，特别适合我国北方沿海满足养殖条件的地区开展。为进一步提升经济效益、降低养殖成本，也可将单环刺螠与对虾、刺参、贝类等进行混合养殖，从而实现养殖池塘的最大化利用。本章节围绕开展单环刺螠池塘养殖的主要技术要点和关键问题进行介绍。

第一节 池塘养殖

用于单环刺螠养殖的池塘可以是经改良的天然池塘，人工构建的池塘，如海参养殖池塘、虾类养殖池塘等亦可用。

一、池塘的选择与处理

1. 池塘的选择

（1）选址

用于养殖的池塘选择周边无污染源，潮流畅通、风浪较小、地势平坦的内湾地区（王淑芬等，2016；刘晓玲等，2017；高晓田等，2019）。周边海域无明确的、周期性的赤潮、浒苔等自然灾害发生。选址符合《农产品安全质量 无公害水产品产地环境要求》（GB/T 18407.4—2001）的要求。

若在池塘周围海域有单环刺螠自然种群分布的区域最好。以黄渤海沿岸地区为例，烟台、潍坊、大连、秦皇岛、昌黎、锦州等沿海地区适合开展单环刺螠池塘养殖。

在无单环刺螠自然种群分布的地区，若开展池塘养殖，最好进行前期小规模测试，看当地的水文、气候、底质等自然环境是否适合开展。切忌盲目跟风、大规模投放，以免造成较大的经济损失，得不偿失。

构造的人工池塘，具体可参考天然池塘的要求。也可利用现有的户外海参养殖池、对虾养殖池加以改造后进行。

（2）池塘大小

池塘的面积以5～100亩[①]为宜。较大的池塘需要增加中央沟。

---

① 亩为非法定计量单位，1亩≈666.67平方米。

埋面防浪主堤应有较强的抗风浪能力，不漏水。堤高在当地历年最高潮位1 m以上，堤顶宽度2 m以上。在夏季高温季节埋面水深要达到1 m以上。

（3）水质要求

要求海水无污染，水质符合《渔业水质标准》（GB 11607—1989）的要求。全年海水的盐度和温度相对稳定，不易发生突然变化。盐度范围在16～32，温度范围在4～25℃为宜。

（4）底质要求

池塘底部环境对单环刺螠的养殖成败非常关键。天然池塘底质以稳定的粉沙质或泥沙质为好（孙阳等，2019；李海涵等，2019）。底质要求有一定松散度。人工构造的户外池塘，底质可选用海沙、海泥等铺设，铺设厚度一般在30～50 cm，具体参数可参考室内养殖部分。

底质泥沙含量可通过感官简单方法判断：用手抓取池底的泥沙，握紧后松开，若自然分崩的速度较快，基本合适。如握紧后较难分崩，说明含泥量较高。

若池塘底质不符合上述条件，可通过添加海沙、海泥等进行改良。

在自然环境中，随着水体温度的升高（夏季）或降低（冬季），单环刺螠会通过潜入更深的泥沙中，在合适的深度和温度下生活。有报道称一般可深至50 cm以上。因此底质厚度最好不少于30 cm，以50 cm以上为宜。

（5）进排水要求

池塘要有独立的进排水沟。进排水通畅。进水口最好位于近海区域的低潮线以下，以便在低潮时仍能保证进水。低潮时无法自然进水的池塘应根据池塘面积配以相应的水泵、水管等进水、提水设施。

进水口设置栅栏，也可安装60～80目的进水网门；使用水泵调水的，可在水泵出水口处增加圆筒形滤水网袋。避免单环刺螠的自然敌害生物，如肉食性鱼类（如大菱鲆、牙鲆、虾虎鱼等）、大型螃蟹等的进入。

虽然通常栖息于底质的洞穴中，但在底质发生急剧变化，或水质恶化，或在其自然繁殖季节，单环刺螠存在集体出穴、随水移动的特点。因此在排水口设置阻拦设施非常有必要。根据具体情况，可采用密度较高的网门或栅栏进行阻挡。

（6）增氧装置

单环刺螠生活于池塘底部的泥沙中，长期缺氧会导致养殖失败。因此需要在池塘中添加增氧装置。

池塘面积较大时，可每隔2 000～4 000 m设置增氧机1～2台。面积不大时，可安装在四角或中心位置。

在夏季高温、持续阴雨天，或检测到底部溶解氧较少时周期性打开，以免发生底部缺氧。

2. 投苗前的准备工作

（1）清塘

养殖单环刺螠的池塘在放苗前15～30 d，排干池塘水，清除石块、淤泥、大型藻类、敌害生物等。

可用高压水枪冲洗沙底1～2遍，用生石灰制成乳液，全池均匀泼洒消毒。用量一般为50～80 kg/亩。然后曝晒塘底7～10 d。翻耕、耙土、平整塘底，疏松底质。

池塘底部可构筑5～6 m宽，长度不等的埕面。埕间可挖宽度为1～2 m的浅沟隔开。埕面总面积一般不超过池塘面积的50%。

（2）放水

放苗前10～15 d，纳入新鲜海水，控制池水深度40～50 cm，或淹没埕面至少20～30 cm。

（3）养水

池塘纳水后，可进行基础饵料生物的培育。可在潮平岸阔，阳光照射良好的天气施肥。一般施用有机肥料20～50 kg/亩。同时可均匀泼洒益生菌和小球藻、硅藻、金藻、扁藻等单胞藻浓缩液，水色调整为黄褐色或黄绿色为佳。

二、苗种的放养

为保证苗种的成活率和养殖的成功率，选择正规育苗公司生产的质量较好的苗种。暂无苗种可用或小规模测试池塘养殖效果时，也可选用人工采收的来源于自然产区的优质个体，使其在养殖池塘中自然产卵孵化。

1. 苗种选择

单环刺螠苗种规格在200～10 000头/kg都可以放养，投放大规格的苗种可以缩短养殖时间。

2. 苗种质量判断

螠苗质量的好坏，直接影响到养成的成活率及产量。优质苗壁厚、桃红色或肉红色、不透明、个体大小整齐、躯体伸缩有力，将苗置于滩面能够很快钻入沙中。劣质苗壁薄、色泽发白、透明、大小不均匀、反应迟钝，将苗置于滩面钻入沙中缓慢，甚至不钻沙。

3. 苗种的运输

待池塘准备好后，选择气象状况良好的天气，与育苗单位协商好采苗和运输的具体时间。

苗种运输时，螠苗一般采用加水运输的方式。以塑料袋盛装，装苗厚度不超过5~6 cm，置于泡沫箱中运输。避免挤压造成损伤，运输温度应最好控制在5~20℃，气温较高时应在箱内放置冰袋。运输过程避免雨淋、风吹、强光照射（王力勇等，2017）。具体可参照上一章节。

苗种从起苗到播苗的总时间尽量控制在20 h内，以保证成活率。

4. 苗种消毒

放苗前检查苗种的状态，及时剔除伤苗、死苗。对苗种进行消毒，一般以碘伏2~5 mg/m³，配以养殖池海水进行喷洒或浸泡，消毒时间控制在10~20 min为宜。

5. 苗种放养

苗种放养一般在每年的春、秋两季：春季可放养大规格苗种，增加夏季高温期的成活率；秋季放养一般采用小规格苗种。也根据当地池塘的水温和生产进度择机进行。

选择晴天放苗，避开中午高温、寒冬低温及大风、大浪、多雨时间段。

开展与海参、对虾等生物混合饲养的，一般优先布设单环刺螠苗种。

（1）放养密度

放苗密度依池塘条件、管理水平、放苗时间和苗种规格不同而变。一般情况下，规格在8 000头/kg以下的小规格苗种，放苗密度100~300头/m²；规格在2 000头/kg以上的大规格苗种，放苗密度30~50头/m²。

（2）放养方法

放苗时池塘水位不宜过深，以便于均匀播苗。

在播苗时可一只手提苗篮，另一只手轻轻抓起螠苗向埂面上抛播，无风时可两人在埂面的两侧交叉播撒，有风时顺风向播撒。

避免将苗种过于密集的播撒在一处。以免无法钻入沙底造成损失。

放苗后，尽快补充海水。使池中海水保持在0.7 m以上。

三、池塘养殖的日常管理

1. 日常巡池

要建立每日定点定时巡视制度。巡视时观测水色、水温、水位、盐度、溶解氧及池塘内藻类生长情况。有必要时对水质等进行实验室或现场检测，并做好记录。

2. 水位与换水

平时池塘水深可保持在0.7～1.2 m，不可长期保持较低水位。夏季高温季节，水深应达到1.2 m以上，有条件的地方可适当加大水深。

大雨过后，要尽快安排排出上层淡水并及时补充新鲜海水，以打破池内水体分层。

有条件的池塘，养殖用水可每2～3 d换水1次，每次换水量控制在15%～20%。提水不方便的池塘，也可于每次大潮翌日上午全池换水。

换水时，要控制进水流速，同时避免直接冲击池底或埕面。

3. 水质管理

水质或底质发生明显恶化时，要加大换水量，并及时投加药剂或菌剂进行调控。池塘水色调控可使用无机肥、有机肥、微生物肥和专用肥。无机肥一般适宜作追肥，有机肥既作基肥又可作追肥，同时还可以使用益生菌和专用肥（钱怡等，2018）。

施肥过程中需综合考虑季节、天气、时间、温度、水色等因素。一般选择晴天中午施肥，无机肥全池泼洒，有机肥不能直接施用在埕面上。保持水体透明度在30～40 cm。

在高温的中午、下雨前后、水体发生分层，或池水溶氧低于4 mg/L时，要打开增氧机增氧。

4. 投喂饲料

单环刺螠池塘养殖一般不需要投饵。但在池底底质贫瘠时可以适当投喂。

饲料的种类按照生长阶段的不同，可分别投喂单胞藻、酵母粉、海藻粉、新鲜海泥、配合饲料等。开展与海参、对虾等进行混合养殖的，可仅投喂海参、对虾饲料。

视底质肥沃程度，一般于放苗后第2 d即可开始投喂。底质较为肥厚区域减少投喂，底质沙面较为干净区域可以增加投喂。

一般采用带水进行饲料投喂。如可按照每平方米水面使用海藻粉5 g，加10倍海水浸泡后全塘均匀泼洒。海藻粉的颗粒度应达到200目以上，避免沉积于池底造成水质污染。

5. 苗种观察

养殖过程中，要注意观察苗种的生长状况。可在换水、池塘水位较低或干池时，下塘采样观察苗种的生长发育、死亡率、摄食量等情况，及时清除影响其健康生长的问题。并对发现的异常情况及时上报、汇总，并采取相应补救措施。

四、收获

根据市场需求，一般单环刺螠规格在10～20头/kg时即可进行收获（图4-1）。

收获时，排出部分池水，使埝面水位在10 cm左右，下埝起捕，捕获工具可采用水枪或气枪。将工具对准洞穴，借助水流或气流的作用将单环刺螠从洞穴内冲出，一人操作，另一人捡拾。池塘内单环刺螠个体差异较大时，也可采用布设连续地笼的方式进行收获。

总体原则是抓大放小，对尚未达到上市规格的个体，及时转入新养殖池或暂养池、预留池继续养殖。

图4-1　单环刺螠的收获（摄于山东蓝色海洋科技股份有限公司）

五、注意事项

1. 投饵

腐败变质的饲料不能进行投喂。池塘水温低于10℃或高于25℃时候，减少投喂或不投喂。

2. 敌害、病害防治

严防进水引入敌害生物。定时检查进水栅栏、滤水网袋的完整情况，避免引入敌害生物。日常巡塘或下塘检查时，发现肉食性的凶猛鱼类、虾蟹类等敌害生物时，应及时清除。

注意底质变化。平时可通过添加益生菌等改善水质和底质。发现底质变黑、发臭时，要及时处理处置。可用水枪等进行局部冲洗，并添加生石灰、规定可使用的水产药剂等局部或全塘泼洒消毒，以避免病害的发生。

3. 防灾

高温及严寒季节，水位要保持在1.2 m以上。高温季节增加或提高换水，有条件的人工池塘可布设遮阳网；寒冬季节为保持水温，尽量减少或停止换水。

雨季注意尽快排除上层雨水，避免海水分层和盐度急剧变化，避免底部缺氧。可通过设置溢流排水口，及时换水、增氧解决。

要密切注意排水口栅栏、滤袋的完整性；大风大浪季节，密切关注单环刺螠的"浮苗""移滩"现象，避免养殖生物逃逸。

4. 场地翻新

池塘经1～2次生产使用，或一个养殖周期结束后，应彻底或按照规划实施局部到整体的翻新。特别是涉及底质的更换、疏松、晾晒、消毒，或采用贝类、虾蟹类轮养，以减少连续使用导致的池底硬化、黑化和潜在病害的发生。

第二节　混合养殖模式

与工厂化养殖类似，单环刺螠的池塘养殖对养殖池的占用较小，主要集中在池底泥沙中。因此也可采用与其他海水养殖经济品种混养的方式，提高池塘的利用率，增加产出，提高经济效益。

目前单环刺螠与日本对虾、刺参等品种的混合养殖模式已经测试，效果不错。以下对相关试验研究做统一汇总，为开展混合养殖的企业提供参考。

一、单环刺螠与日本对虾的混合养殖

王淑芬等于2015年5—10月对单环刺螠与日本对虾的池塘混养模式进行了研究。发现两种生物可以很好地进行混养（王淑芬等，2016）。

用于混合养殖的池塘位于山东昌邑，面积60亩，泥沙底质，池深2.5 m，全部采用外海水。3月中旬进行池塘的整理和消毒，5月初布单环刺螠苗种，规格为1 000～1 200头/kg，密度为22头/m²（1.5万头/亩）。6月中旬布日本对虾苗种，平均体长0.7 cm，密度为3 000尾/亩。

养殖期间，水位保持在0.8～1 m。6月气温升高后，提升至1.2～1.5 m，冬季水位降至0.5～0.8 m。养殖期间维持水体透明度在30～40 cm。平常投喂日本对虾饲料，每10～15 d换水1次，换水量控制在10%～20%，夏季换水量调整为20%～30%，每隔10～15 d使用底质改良剂和微生物制剂改善底质和水质。

结果显示，当年8月开始收虾，出池规格60～160头/kg，10月收获单环刺螠。共获得日本对虾475 kg，平均亩产7.92 kg；单环刺螠17 478 kg，平均亩产291.3 kg。经测算实现亩产值12 554.5元，亩利润8 134.5元，投入产出比为1：2.84。

在日本对虾与单环刺螠混合养殖过程中，不需要投喂用于单环刺螠的饵料，且水质的保持相对较好，对虾病害的发生明显减少，经济效益较为可观。

二、单环刺螠与南美白对虾的混合养殖

南美白对虾是目前海水养殖虾类中最为重要的一种，近几年来病害问题十分严重。赵玉涵等通过对南美白对虾和单环刺螠混养测试发现，单环刺螠与南美白对虾的投放比例控制在1：3较为合适；混养中单环刺螠可通过摄食对虾的残余饵料和代谢产物，减少虾池中有机物的含量，从而改善养殖水体的水质条件，减少对虾疾病的暴发；并提出可通过检测水体中氨的含量来调整换水周期（赵玉涵等，2018）。

三、单环刺螠与刺参的混合养殖

高晓田等在探讨海参养殖池塘养殖模式抗高温应对措施时，提及海参和单环刺螠混养是近两年兴起的新模式。作为滤食性、渣食性生物，在与海参的混养中，单环刺螠能够滤食水中、底质中的藻类、有机质，而海参主要以舔食底质、附着物上的食物为主，故在海参养殖池中混养单环刺螠可以实现二者的食性互补（高晓田等，2019）。

刘晓玲等对单环刺螠与刺参混养的底泥中有机污染物指标进行了对比分析，发现混养模式下，底泥中硫化物、TC、TN、TP、COD的含量显著低于单养池，表明混养单环刺螠对养殖底质的改善具有良好效果，从而提高刺参的产量和品质（刘晓玲等，2017）。

目前这种混养模式正在河北省、山东省的刺参养殖区域进行推广（图4-2）。

图4-2　单环刺螠与刺参混养（摘自高晓田等）

第三节　池塘养殖的问题探讨

一、日常巡视制度的建立

室外池塘养殖对外界环境的依赖度较高，为避免突发状况影响养殖生物的健康和养成效率，建立日常巡视和记录制度非常有必要。

1. 日常巡视及记录制度

室外养殖池塘的水质、底质等理化指标的变化常比较缓慢，一旦出现问题，补救措施很难马上到位。因此，平时巡视过程中，要认真做好各养殖水域的水质、底质观察和记录工作，以便查询。

2. 巡视内容

水温：最好每天定时测量两次，分别在上午7:00—8:00，下午14:00—15:00进行；根据水体大小，每个水域可平均设置2～4个测量点，以防测试不准确。

水质指标（包括盐度、pH值、溶解氧、氨氮、硫化氢等）：养殖周期内，最好每个月或每半个月对养殖区域的水质指标进行测定，可选择委托三方测试机构进行，有条件的可以在公司自己的检测室或分析室进行，也可采用便携式池边检测设备。逢大雨、暴雨、赤潮、病害发生期等特殊情况时，各项指标要随用随测，测量的结果要认真如实地记录好。

进排水安排：每月大潮期间，要对外海水进行详细水质测试和观察，如外海水色不正常，有异物、异味，发生赤潮或污染，应立即报告，以便决定是否进排水。

二、养殖生物防逃逸

目前发现，当养殖环境恶化或逢其生殖季节时，单环刺螠会发生群体性迁移，俗称"移滩"，时间常发生在深夜或凌晨，发生的速度很快。目前关于其迁移的诱因尚未完全明确。为防止养成的单环刺螠逃逸，在排放或换水时候，要密切关注单环刺螠的出洞情况，在潮位较高、遇到大风大浪时尤其要特别关注。

三、收获方式的改进

关于单环刺螠大规模收获的方式一直存在争议。多数针对自然海区的采捕方法，一般认为目前的冲沙捞取容易造成底质的恶化，包括沉积物的二次悬浮、对其他栖息于底部的生物损害等，是不可持续的。但目前尚无更好的办法进行收获。

有建议用底部铺设拦截网的方法进行收获，但单环刺螠的身体收缩性很强，实施起来难度较大。开展池塘养殖的相关单位，可根据累积的经验进行测试，也为后期的自然海区采集提供经验，共同促进单环刺螠养殖业的发展。

四、病害防治

单环刺螠养殖过程中病害较少，保持优良的水质条件是病害防治的最佳手段。在具体实施过程中，可于养殖后期定期施用生石灰，一般每半个月按照20 kg/亩的用量全池泼洒，提倡使用对环境和产品质量无害的药品进行病害防治，合理使用中草药和微生态制剂等。

第五章　单环刺螠滩涂增养殖与增殖放流

　　我国沿海滩涂资源丰富。据不完全统计，全国浅海滩涂面积近亿亩，其中可开展养殖、增殖的面积不低于2 000万亩（郭永清等，2017）。合理开发利用滩涂资源，提高养殖利用率，既有利于实现滩涂的经济价值，实现"靠海吃海"，增加沿海居民的收入，又可间接促进野生生物种群的恢复，对沿海的生态环境修复具有一定促进效果（黄标武等，2015；陈红之，2013）。从而达到生态环境保护、开发、利用的协调统一。

　　为弥补常年高强度捕捞造成的自然资源减少，单环刺螠的增殖放流主要针对天然盛产海区，由各地的海洋和渔业主管部门实施公益性放流工作，是保护和恢复单环刺螠这一特殊生物资源的重要举措之一。目前山东烟台、潍坊、威海等地已参与实施，具体效果有待进一步评估。

　　滩涂养殖投资少、见效快、收益大。目前在我国的大连、烟台等地区已开展了单环刺螠的滩涂增养殖，可为其他地区开展此方面工作提供经验和借鉴。

　　与工厂化养殖、室外池塘养殖相比，单环刺螠的滩涂增养殖可充分利用滩涂丰富的天然饵料，养殖成本低、养殖规模大，特别适合于沿海具有较大滩涂面积的地区。但也存在管理维护困难、产量不稳定、养殖生物容易逃逸等缺点。

　　针对单环刺螠滩涂增养殖和增殖放流的文献报道较少。本章节基于已有的研究成果，对开展增养殖以及增殖放流的主要问题进行了梳理和汇总。各地在实施过程中，可根据具体的自然条件和已有产业基础做进一步完善。

第一节　单环刺螠滩涂底播养殖

一、滩涂的选择

　　可以根据周围海域单环刺螠的自然存在情况，选择适合进行单环刺螠增殖的滩涂区域。基本要求与进行池塘养殖类似，主要考虑海水水质、进排水、干露周期、底质情况、敌害生物情况等。

1. 适宜滩涂

一般而言，在自然产区附近、或有记载的、可发现天然单环刺螠存在的滩涂区域，都可进行单环刺螠的滩涂增养殖。

周围海域无单环刺螠自然种群存在，或收获量较少的滩涂区域，在进行单环刺螠人工增养殖时，需要对海水水质、底质等环境进行检测，并通过小规模试验确定是否适宜开展。

由于目前各沿海滩涂的污染和人工干预情况差异很大，如有些地方属于自然未开发的状态，而有些区域周边的海水育苗养殖业已开展多年，水质及底质破坏较为严重，特别是有些地方涉及围、填海项目、港口建设、旅游开发等大型工程。在做滩涂增养殖的时候，要制定科学合理的开发规划，明确环境的生态容量。综合多方面因素，特别是要考虑到政府部门关于滩涂区域的规划。防止一拥而上，造成不必要的损失。

2. 选择标准

拟开展增养殖区域无大型的面源污染，周边海水水质满足养殖用水的要求。

根据单环刺螠的自然分布情况，可选择潮间带下区或潮下带部分区域（李凤鲁等，1994）。潮流通畅，位于中、高潮区的滩涂。

滩涂在大潮时海水覆盖深度不超过5 m为宜。每次退潮干露时间以3～5 h为宜。平坦地势的滩涂，至少要保证每半个月能进潮水2 d以上。底质以沙质或泥沙质底为主，富含有机质为优（孙阳等，2019）。硬质底区域上层覆盖的泥沙质要超过或达到50 cm为宜。

二、养殖塘的规划

在滩涂区域构筑养殖塘。一般可由堤坝、环沟、塘面和水口构成，随地形而规划。外围防护堤坝筑高0.3～0.8 m，基宽1.5～2.0 m，顶宽0.6～0.8 m；也可在堤坝内挖一条环绕塘面的水沟，沟宽0.8～1.0 m，深0.5～0.8 m；塘面翻整成弧面为宜，中间略高，四周向环沟倾斜。潮水的进出口作为水口，用来控制塘内水位。

单个塘面积不限。实际生产中，单塘面积可控制在50～2 000亩，小面积利于管理，大面积方便后期采捕。以成片开发为佳，避免养殖生物逃逸。

三、苗种选择

滩涂养殖可采用亲体自然繁殖苗种，以减少成本支出。如根据养殖规模，可在滩涂上围出适当面积的低坝塘作为单环刺螠的繁殖场所。在繁殖季节前，培育水质，为幼体发育提供充足的饵料。将发育成熟的自然采集或人工养殖个体放入塘中，获得部分自然繁殖的苗种。

通常情况下，使用自然繁育的苗种数量不足，需要补充人工繁殖的苗种。

选择人工繁育苗种的，需要根据具体需求选择合适规格的苗种。苗种的规格较小，成活率较低，增值效果受影响。苗种规格过大，成本较高。一般而言，春季投苗时，为使苗种尽快生长，避免即将到来的夏季高温期造成的大量死亡，可播规格较大的苗种；冬季投苗时，规格可适当小一些。

四、苗种质量

滩涂底播的苗种质量与池塘养殖一致。总体上要求大小均匀、色泽鲜亮、无畸形、无损伤、活力较强，投入池后能迅速潜沙为佳。

五、苗种运输

用于滩涂养殖的苗种数量要求较多，许多小型的育苗企业有时会无法足量供应。在开展滩涂增养殖前，要及时关注苗种的市场价格走势，可与相关育苗企业协商苗种的定制生产。

由于滩涂上运输和保存等诸多不便因素，一定要计划好起苗和运输的时间。避免长时间运输造成苗种的活力下降。

具体运输方法可参考育苗和工厂化养殖环节。

六、播苗前的准备工作

底播增殖前，一般要提前检查堤坝、环沟、水口等区域是否存在损毁、淤积情况，并及时修缮。并对塘区内的敌害生物予以清除和清理。可在露滩时，下滩清除蟹类、螺类、鱼类等敌害生物。也可在高潮时对底播区进行地毯式拖网，一方面疏松底质，另一方面起到清除敌害生物的效果。

若塘区内底质较为肥沃，一般不需要进行施肥操作；若底质较为贫瘠，特别是在幼体发育期要及时追肥施肥，保证基础饵料的充足。

施肥可采用发酵的有机肥20～40 kg/亩，用以培养饵料生物，如藻类、小型浮游类生物等（王美珍，1999）。亦可参考池塘养殖的方法进行。

七、播苗

1. 播苗时间

在北方沿海，一般选择在5—6月进行，此时底播海区的底层水温较为适宜，初级生产力较高，适宜苗种的生长。

2. 播苗密度

播苗密度与滩涂质量、肥沃程度，以及后期管理技术等有关，不可盲目增大密度。根据苗种或亲体大小而定，一般如2 000头左右的苗种，每亩播苗100～250 kg。大规格苗种，如80～100头，每亩控制在50～100 kg。更大的苗种播苗量要适当减少，具体亦可参照户外池塘养殖的密度进行。

3. 播苗方法

在播苗区域内，可采用浅水人工均匀抛洒播苗；或在蓄水后用底播作业船进行。

采用人工浅水播苗，可参照池塘养殖模式进行。

采用作业船进行，可按照平行线折返均匀播撒苗种，航速小于3 kn，行距为30～50 m，船只的航速与播撒速度要协调好。潮水覆盖较深的地区，可通过在作业船上架设的底播管道布苗，有条件的也可用潜水员下水播撒。

八、日常管护

滩涂养殖单环刺螠，饵料主要依靠自然水域的藻类、有机物碎屑等，一般无需额外投饵。

养殖期间，管护人员要每天巡查。并对发现的情况及时记录、汇总、汇报。并采取相对的解决措施，保证养殖生产正常进行。

经常巡视堤坝情况，发现坍塌、漏水等现象时候及时修补。当潮高、浪大、淤泥沉积严重时，应尽快清除淤泥，以免淤积环沟，防止因环境因素的剧烈变化造成单环刺螠大规模迁移。

低潮露滩时，可下滩检查单环刺螠的生长状况。并及时整理滩面，疏通排水沟，及时清除蟹类、螺类、凶猛鱼类等敌害生物。特别是蟹类打洞的习惯会损坏堤坝。

夏季高温期，要注意保持和提高蓄水水位。若潮差纳水不足，可适当增加机械提水。水温过高时，要增大换水量，有条件的可利用遮阳网等设施降温。夏季养殖塘内的大型海藻、海草等容易腐烂，造成塘内局部缺氧。因此要及时打捞清理，确保池内干净。

在雨水季节，大量雨水的涌入会导致塘内海水盐度迅速降低，严重影响单环刺螠的生存。同时容易造成海水分层，导致底层出现缺氧情况。因此在雨季要做好防汛、排水、换水工作。必要时可调取远海海水补充替换塘内存水。

九、采捕

根据滩涂的肥沃程度，一般养殖1~1.5年即可达到商品规格。可依据市场行情和可采捕资源量确定捕捞区域、强度和捕捞量。

捕捞时抓大放小，可保证养殖区的持续捕获，利用其自然繁殖，降低苗种的购买成本。

目前一般可采用低潮时下滩，用吹沙的方式进行采捕。也可采用诱捕、驱离的方法批量采捕。无论采用哪一种方法，采捕后一定要密切观察底质变化和存量个体的生活状态，避免迁移现象出现。

第二节　单环刺螠的增殖放流

在海洋生物的自然产区，实施增殖放流是一项利国利民的民生工程。一方面可减轻由于野蛮捕捞、人为干预等导致的野生生物资源减少的问题，促进海洋生态系统的自我修复和还原。另一方面，可增加当地的渔获量，提高渔民的收入。在我国的主要沿海区域，基本都开展过类似工作。增殖放流的实际效果以及科学的评估方法有待进一步明确。

随着人工育苗技术的不断成熟和相关育苗企业的增多，单环刺螠的增殖放流已在多地开展，一定范围内促进了自然种群的补充和修复。

一、单环刺螠自然资源的现状

自2012年起，我国学者们对环渤海沿岸及海区的单环刺螠自然资源进行了调查。发现单环刺螠的自然繁殖区域以莱州湾、四十里湾为主。各海区单环刺螠的大小、颜色等虽有一定区别，但同属于一个物种。

曲卫光对2000—2010年潍坊滨海区北部海域单环刺螠的资源进行了分析（表5-1）。根据年度捕捞量的波动，分析了海区单环刺螠资源的存量水平，推导出单环刺螠资源利用阶段，发现该海区的单环刺螠资源已处于衰退趋势。为单环刺螠国家级水产种质资源保护区的设置提供了支持（曲卫光等，2019）。

表5-1 潍坊滨海区北部海域单环刺螠历年渔获量（摘自曲卫光等，2019）

年份	渔获量（t）	阶段
2000	1 612	发展阶段
2001	3 379	发展阶段
2002	11 200	发展阶段
2003	23 155	充分利用阶段
2004	28 160	充分利用阶段
2005	24 367	充分利用阶段
2006	10 217	衰退阶段
2007	7 019	衰退阶段
2008	3 933	衰退阶段
2009	9 121	管护阶段
2010	8 967	管护阶段

二、增殖放流的基本原则

1. 苗种要求

用于放流的单环刺螠苗种的培育、采收、运输等要符合相关要求（表5-2）。每批苗在放流前，须经具备资质的水产品质量检验机构检验合格，由检验机构出具检验合格文件。

放流的苗种要达到三级及以上，合格率、伤残率达到相关标准。放流前，需要对苗种分批次实施病害检测，应无潜在致病性、传染性病害。具体可参见苗种培育和养殖环节的介绍。

表5-2 单环刺螠放流苗种规格合格率及死亡率和伤残率要求

项目	一级	二级	三级
体长（cm）	≥30	≥20	≥10
规格合格率（%）	≥95	≥90	≥85
死亡率、伤残率之和（%）	≤5	≤6	≤7

2. 放流区域的要求

一般选择在潮流畅通的内湾或岸线曲折的浅海海域，附近无淡水径流入海。海水盐度26~35，饵料生物丰富，避风浪性良好。水深以5 m以上为宜，距离海岸达到5 km以上。远离排污口、大型养殖场等进水口、排水口。

底质为泥沙或沙泥质，底层水温以5~25℃为宜。海水水质符合《渔业水质标准》（GB 11607—1989）的要求。

实施放流时，以每年的5月或9月为宜，放流海区海水水温不高于25℃，苗种培育水温与放流海区水温相差2℃以内。

3. 放流方法

选择平流期，在底播增殖区内距底播增殖区边界5″（约150 m）处内测范围内，底播作业船只按照平行线折返均匀播撒苗种，行距为1″（约30 m）；播撒时以PVC管通至海底，管口设漏斗，将苗种倒入漏斗内，苗种沿管播撒至海底；每只专业船可根据情况布置多管；船只的航速与播撒速度协调，航速小于3 kn；苗种播撒密度为20万~30万粒/hm²。

在放流时，应尽可能将苗种直接投放海底，亦可采用潜水员底播的形式进行，以免被敌害生物捕食。

如放流海区风浪过大或2日以内有5级以上大风天气，应暂停放流。

4. 放流后的管理

实施增殖放流后，应对放流的生物资源予以看管保护。

主要措施包括以下几项。

（1）合理管控

对增殖放流水域组织巡查，也可在放流区域设立规定特别保护期。防止非法捕捞增殖放流生物资源。

（2）定期检测

增殖放流后，应根据国家和地方的管理规定，定期监测增殖放流的单环刺螠生长、分布及其环境因子状况。

（3）效果评估

增殖放流后，进行增殖放流效果评价，编写增殖放流效果评价报告。效果评价内容包括生态、经济效益和社会效益等。

三、开展增殖放流利国利民

2012年前后，单环刺螠的自然采捕数量的减少，市场价格不断攀升，这引起相关科研人员的重视。研究发现采用违规的捕捞方式对单环刺螠野生种群的破坏很大。提出以人工育苗和养殖补充市场需求的观点。从2015年起，山东烟台、威海等地相继实施了单环刺螠的增殖放流工作（图5-1）。

图5-1 2015年工作人员在烟台海区放养单环刺螠（孙宗顺摄）

2015年10月，烟台市海洋与渔业局在烟台海昌渔人码头、莱山区四十里湾、开发区套子湾、蓬莱等海域放流单环刺螠苗种共计120万头，这也是有报道的首次实施单环刺螠苗种的增殖放流。2017年11月，又在四十里湾实施了增殖放流。

2018年11月，威海市海洋与渔业局开展了单环刺螠的增殖放流工作，共放流221万尾。在放流过程中，为防止苗种被水流冲走，采用潜水员底部播撒的方式进行。2018年12月，大连金普新区将200万尾单环刺螠苗种集中投放大海，实施增殖放流和底播养殖。

随着这几年多地区、多海域放流工作的完成，单环刺螠的自然资源得到了一定的恢复，近几年的渔获量有所提升。

第六章 单环刺螠开发潜力

单环刺螠营养丰富，味道鲜美，自古以来就是有名的海洋食材。作为主要食用部分的体壁，蛋白质、氨基酸、不饱和脂肪酸等含量较高，且其含有的必需氨基酸组成与人体需求模式较为接近。还含有人体所需的多种微量元素，具有较高的营养保健价值，与其"裸体海参"的美誉相符。现代生物学研究发现，单环刺螠体内还蕴含多种生物活性物质，包括已经实验证实的具有抗凝血效果的活性多糖、具有溶栓效果的活性蛋白、具有抗菌、抗肿瘤效果的活性多肽等。对维持人体正常代谢、提高免疫力，慢性病的防控等方面都有着很好效果。也为单环刺螠的高附加值开发利用，特别是在医学领域和医用食品领域的应用提供了科学依据。

第一节　单环刺螠的营养价值

杨桂文等对单环刺螠的营养成分分析发现：新鲜的单环刺螠中水分约占70%，蛋白质约占鲜重的22.84%，高于常见的海水鱼类（如鲈鱼17.5%、鳕鱼16.5%、带鱼18.1%）；粗脂肪含量约4.24%。是一种典型的海洋低脂高蛋白食品（杨桂文等，1999）。

一、单环刺螠体壁的营养价值

作为广为大众所认可的食用部分，单环刺螠的体壁约占其总体质量的32%。其体壁柔软、颜色鲜亮，有较强的弹性和韧性。经烹制后，脆爽可口，鲜甜美味，是胶东地区有名的海洋食材。体壁亦可鲜食，在韩国、日本等地有杀生后直接蘸酱汁食用的传统。

1. 蛋白质组分

单环刺螠体壁中，蛋白质约占干重的57%（李诺等，2000）。主要由胶原蛋白构成，为典型的Ⅰ型胶原蛋白。

Ⅰ型胶原主要存在于皮肤和骨骼中，具有促进上皮细胞分化、生长以及胶原酶产生的作用。在化妆品中应用，可以起到紧致皮肤、淡化眼纹、消除眼袋和阴影的作用。目前胶原蛋白及胶原蛋白肽的提取和制备工艺已较为成熟，近几年来水产胶原的制备及应用技术发展很快，具体情况将在工艺环节进行探讨。

刘志娟等通过非变性提取技术对单环刺螠体壁的胶原蛋白构成和性质分析得出：体壁中的胶原蛋白以酸溶性胶原为主，特征吸收峰为228nm，胶原纤维与肌纤维不发生缠绕。氨基酸分析表明：甘氨酸约占氨基酸总量的1/3，占比最高；丙氨酸、脯氨酸、谷氨酸和天门冬氨酸含量较高；组氨酸、酪氨酸、苯丙氨酸含量较低。特有的亚氨基酸（脯氨酸和羟脯氨酸）所占的比例为12.6%。脯氨酸的羟基化程度为35.71%，羟脯氨酸与脯氨酸之比为0.56，与脊椎动物Ⅰ型胶原的结构非常类似（刘志娟等，2012）（图6-1）。

聚丙烯酰胺凝胶电泳显示单环刺螠体壁胶原蛋白由2条不同的α链（α1和α2）、β链和γ链组成。且胶原纤维中含有二硫键，存在天然的三螺旋结构。热变性温度和热收缩温度分别为33.6℃和67.5℃。在40～50℃，pH值7.4，NaCl浓度为30～60 mmol/L时，存在较强的自聚集现象，临界聚集浓度为0.75g/L。

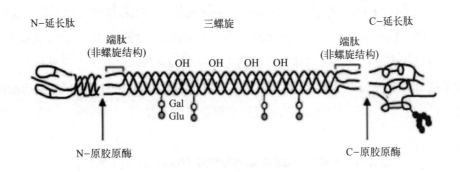

图6-1　胶原蛋白的分子结构示意图（摘自刘志娟等，2012）

除胶原蛋白外，单环刺螠的体壁中还含有与其生长发育、免疫防御、环境适应相关的诸多活性蛋白质。目前围绕这些蛋白分子的分析主要集中在理论研究方面，包括纤溶酶、溶菌酶、硫醌氧化还原酶等，此部分将在活性物质章节具体介绍。

2. 多肽类物质

多肽（peptides）是分子结构介于氨基酸和蛋白质之间的一类化合物，是蛋白质的结构与功能片段，并使蛋白质具有不同的生理功能。肽本身也具有很强的生物活性。过去的研究认为，蛋白质经消化道酶促水解后，主要以氨基酸的形式吸收。近年的科学研究认为，人体吸收蛋白质的主要形式不只是以氨基酸的形式吸收，大部分是以多肽的形式吸收，这是人类对自身吸收蛋白质机制认识的一个重大突破。肽类营养的研究已成为蛋白质营养研究方面的重要分支。生物工程的介入使工业化肽类原料的生产成为现实，功能性肽类食品已成为保健食品最具发展潜力产品的创新点。

3. 氨基酸构成

研究发现，单环刺螠的体壁肌中含有19种氨基酸（表6-1），总量占体壁肌干重的57%。其中8种为人体必需氨基酸，占其干重的17.79%，且组成模式与人体类似；支链氨基酸和芳香族氨基酸的比值为2.59，与人体非常接近（李诺等，2000）。

单环刺螠体壁肌中鲜味氨基酸的含量较高，约占氨基酸总量的56%。这5种鲜味氨基酸的含量分别为：谷氨酸8.27%，天冬氨酸4.82%，精氨酸2.85%，丙氨酸7.15%，甘氨酸9.31%。这也能很好的解释了为什么单环刺螠被称为"天然味精"。

谷氨酸在人体代谢中具有重要生理作用，为脑组织生化代谢中的首要氨基酸，具健脑作用（杨革，1994），并在肌肉和肝组织中具解氨毒作用（李兆兰等，1994）。

李珊等采用电感耦合等离子体发射光谱法（ICP-AES）测定发现，单环刺螠中牛磺酸含量约为6.2 mg/g（李珊等，2006）。牛磺酸是一种比较特殊的氨基酸，又称β-氨基乙磺酸，最早从牛黄中分离出来故得名。牛磺酸是一种含硫的非蛋白氨基酸，在体内以游离状态存在，不参与体内蛋白的生物合成。具有广泛的营养效果，尤其对心血管系统、中枢神经等具有重要的调节作用。人体合成牛磺酸的半胱氨酸亚硫酸羧酶活性较低，主要依靠摄取食物中的牛磺酸来满足机体需要。

表6-1　单环刺螠体壁的氨基酸组成（mg/100mg干物质）

（摘改自李诺等，2000）

种类	含量（%）	种类	含量（%）
必需氨基酸总量	17.79	非必需氨基酸总量	35.88
苏氨酸（Thr）	2.24	天冬氨酸（Asp）	4.82
缬氨酸（Val）	2.97	丝氨酸（Ser）	2.5
蛋氨酸（Met）	1.39	谷氨酸（Glu）	8.27
异亮氨酸（Ile）	2	甘氨酸（Gly）	9.31
亮氨酸（Leu）	3.33	丙氨酸（Ala）	7.15
苯丙氨酸（Phe）	1.75	半胱氨酸（Cys）	0.54
赖氨酸（Lys）	3.12	酪氨酸（Tys）	1.46
色氨酸（Trp）	0.99	脯氨酸（Pro）	1.83

续表

种类	含量（%）	种类	含量（%）
半必需氨基酸总量	3.72	非蛋白氨基酸	
组氨酸（His）	0.87	牛磺酸	0.62
精氨酸（Arg）	2.85	（β–氨基乙磺酸）	
氨基酸总量	57.39	支链氨基酸总量	8.3
必需氨基酸占比	30.99	芳香族氨基酸总量	3.21

注：支链氨基酸包括缬氨酸、异亮氨酸、亮氨酸；芳香族氨基酸包括苯丙氨酸、酪氨酸。

4. 多糖类物质

单环刺螠的体壁中含有5%～6%的多糖类物质（干重）。杨玉品和朱佳利等对单环刺螠体壁中粗多糖的分析发现，其含有的粗多糖主要分为两大类型（图6-2），一种为高分子量的中性葡萄糖，约占总量的45%，平均分子量为25～340 kDa，总糖含量为80%～95%，不含蛋白质和硫酸基；另一种为硫酸酯化的类糖胺聚糖，约占总量的30%，分子量约为7.9 kDa，总糖约占67%，含有0.7%～5.8%的蛋白质和9.4%～44.3%的氨基糖，硫酸基含量约为7.4%（杨玉品，2011；朱佳利等，2015）。

由对类糖胺聚糖组分的分析发现，该类多糖主要由葡萄糖、氨基葡萄糖和氨基半乳糖构成，而甘露糖、半乳糖和岩藻糖的含量较少。是一种结构较为新颖的海洋糖胺聚糖。

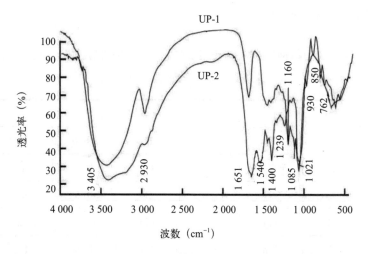

图6-2　单环刺螠体壁多糖红外光谱图（摘自朱佳利等，2015）

UP-1，高分子量葡聚糖组分；UP-2，类糖胺聚糖组分

目前发现来源于海洋生物的糖胺聚糖广泛具有调节免疫力、抗肿瘤、抗凝血、调节血脂等生物活性。单环刺螠体壁中的粗多糖已被证实具有较好的抗氧化、抗凝血和溶解血栓效果。在医用健康领域具有很好的开发利用前景。具体内容将在活性物质章节介绍。

5. 脂肪酸

单环刺螠体壁的脂肪含量较低，为鲜重的4%～5%（杨桂文等，1999）。其中含有较多的多不饱和脂肪酸（PUPAs）。具体对其成分的解析正在进行。推测与其内脏中脂肪的组成部分类似。具体可参见关于内脏部分的介绍。

6. 无机及微量元素

分析发现单环刺螠中灰分含量约为2.92%，含有较多的无机和微量元素（表6-2）。进一步测试表明，K离子（含量约为2.86×10^{-3}，下同）、Ca（1.14×10^{-3}）离子的含量较高，但Na离子（0.032×10^{-3}）的含量较低（杨桂文等，1999；李珊等，2006）。这种高钾低钠的结构非常有助于维持人体正常的酸碱平衡，有预防和治疗高血压等慢性疾病的功效。

单环刺螠体壁中Mg、Fe、Zn等微量元素的含量也较为丰富。这几种也是我国儿童常见的易缺乏微量元素。许多研究证实，Zn对人类的智力发育，特别是儿童脑部发育有不可或缺的影响：缺Zn容易造成大脑皮层发育受阻，导致智力下降。而Fe、Mg等金属离子与人体内的多种酶活性相关，在维持机体正常代谢、增强免疫力等方面有重要作用（刘辉等，1995）。

表6-2　单环刺螠体壁中无机及微量元素的构成与含量，单位ug/g
（数据摘自李珊等，2006）

元素	含量	元素	含量	元素	含量	元素	含量
Se	1.02	Pb	1.28	Fe	1 670	Ca	1 436
As	11.6	Co	ND	Ge	ND	Al	842
Zn	82.6	Ni	1.16	Cr	40.6	Si	122
P	2 280	Hg	ND	Mg	1 070	Na	3 403
Cd	2.36	Mn	23.2	Cu	4.98	K	631

注：ND，未测出。

二、单环刺螠内脏的营养价值

目前关于单环刺螠的食用传统的做法是仅用其体壁，而其废弃内脏占其整体重量的比例分别为 68%（湿重比）和 61%（干重比）。把超过个体体重3/5以上的内脏丢弃是很大的浪费。

研究表明，单环刺螠的废弃内脏中仍含有18.25%的蛋白质，0.12%的脂肪，4.09%的糖类，同时Ca、Mg、Fe、Zn以及EPA、DHA和DPA的含量也很丰富（孟祥欣等，2008）。甚至在某些方面的营养价值超过了其体壁，值得进一步探究其利用价值。

单环刺螠的初加工一般由市场上的销售商自行处理，较为分散，加之人们多喜好现杀现用，尚缺少集中进行处理的初加工企业，为这一废弃资源的利用带来了一定困难。

由单环刺螠的身体结构可知，其内脏主要由消化道构成，在繁殖季节肾管、生殖细胞等所占比重有所增加。在现有的应用场景中，单环刺螠的内脏主要作为水产加工的废弃物被丢弃。也有部分养殖户收集后用于鸭、鹅等水禽类的饲料喂养，效果不错。

本节所述的单环刺螠内脏是指去除体腔液及体腔细胞的部分。

1. 蛋白质与多肽类

与体壁相比，单环刺螠废弃内脏中蛋白质的构成更为复杂多样。包含与其生长发育相关的诸多酶类、酶抑制剂类和功能蛋白类等。目前的研究尚不能完全揭示其构成。本章节基于当前的研究成果，对其部分成分进行大体介绍。

（1）酶类

研究发现单环刺螠的内脏中富含多种酶。这与其滤食性的生活习性相适应，由于其对食物的来源和种类没有太大选择性，诸多酶类的参与对维持其正常的生长发育至关重要。

杨成林和许星鸿等曾对其消化道中的酶类进行了分析，发现其肠道中存在蛋白酶、淀粉酶、脂肪酶等与其食物消化相关酶。在幼体培育阶段（平均体重1 g），养殖条件为15~18℃，盐度28~30，pH值为7.8~8时，各酶的比活力可分别达到：蛋白酶29 U/mg，淀粉酶10 U/mg，脂肪酶5 U/mg。而在成体阶段（平均体重70 g），培养条件为15~20℃，盐度30~35，pH值为7.8~8时，各酶的比活力发生较为明显变化，分别可达：蛋白酶17.4 U/mg，淀粉酶13.4 U/mg，脂肪酶7.5 U/mg。说明随着个体的生长及其可进食的食物种类的变化，内脏中消化酶的构成和相对活力发生了明显变化（许星鸿等，2017；杨成林等，2020）。这种变化也可为不同养殖阶段的饵料、饲料选择提供科学依据。

在单环刺螠的养殖过程中，我们还发现其存在一定的自溶现象（图6-3，见彩图21）。即当个体遭受水质、温度、盐度等环境因素的剧烈变化，或个体遭到物理损伤时，在其体表产生穿孔、溶解，以至于最终液化的现象。推测其原因，可能是在遭受上述变化时，单环刺螠消化道中的诸多酶类发生了泄露，从而由内向外的溶解体壁。导致体壁结构失去稳态，在发生损伤或较为薄弱的部位造成穿孔，引起内脏的排出。这一过程中可能还有内源性或体表微生物如细菌、真菌等的参与。

需要指出的是：水产生物内脏中的蛋白酶对水产品的储存影响较大，也可充分利用其特性，开展水产废弃物再利用研究。具体将在开发利用环节加以阐述。

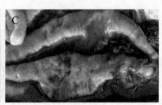

图6-3　单环刺螠的自溶现象

A.正常的个体；B.发生内脏泄露的个体；C.体壁发生溶解的个体

（2）多肽类

一般而言，把分子量小于10 kDa的小分子蛋白统称为多肽。从分子生物学角度上来说，蛋白质结构较为复杂，包括一级、二级、三级、四级结构，功能相对明确。而多肽的结构相对简单，大多只有一级和二级结构，在自然生理条件下的生物学功能更为多样。

目前按照其展示出来的体外活性，一般也可分别称之为抗菌肽、抗凝肽、降压肽等。是目前基础生物学和应用研究领域的热点，也是开展海洋新型药物筛选的重点内容之一。

单环刺螠的内脏中（包括体腔液和体腔细胞）含有丰富的多肽类物质，在其正常生理活动、免疫防御、病原体清除等方面起着重要的作用。这部分在活性物质章节具体表述。

许多研究者也利用水解、酶解、微生物降解等技术对单环刺螠的体壁、内脏等进行处理，得到有生物活性的小分子多肽。这部分内容统一归放在了活性物质环节进行阐述。

2. 氨基酸

杨桂文等对单环刺螠消化道氨基酸构成的分析表明，其消化道中氨基酸的含量约为45%，其中人体必需氨基酸的含量约为16.59%，略低于体壁（17.79%）。但其必需氨基酸在总氨基酸中的含量（36.76%）要高于体壁（30.32%）（杨桂文等，1999）。说明其内脏中氨基酸的组成更加合理，营养价值或高于其体壁。

3. 脂肪酸

单环刺螠废弃内脏中粗脂肪约为0.12%，其中长链多不饱和脂肪酸（PUFAs）的含量较高。如DPA（二十二碳五烯酸）、EPA（二十碳五烯酸）、DHA（二十二碳六烯酸）可分别占总脂肪酸含量的56.24%、21.61%和3.67%（孟祥欣等，2008）。

PUFAs是一类人类必需的脂肪酸，在人体内不能合成，必须由食物供给。对人类健康有着非常关键的作用。其中DPA是人脑组织、神经细胞的重要组成部分。在人乳和海狗油中含量丰富，对人类的脑部发育、神经突触的生长等至关重要；EPA属于Ω-3系列多不饱和脂肪酸，是鱼油的主要成分。具有促进人体脂质代谢、降低血液黏稠度、促进血液循环、抑制血小板凝聚、防止动脉硬化等作用，具有"血管清道夫"的美誉（黄明发等，2007）；DHA主要来自于深海鱼类，包括深海鱼类的肝脏、脑类等。是人体大脑神经元合成所必需的一种营养的成分。对人体神经功能的改善，缓解疲劳、提高免疫力等具有重要作用。

一般认为，海洋中的浮游生物，如微藻、部分原生动物等体内PUFAs的含量较高。作为滤食性动物的单环刺螠，推测其内脏中的这类物质可能与其食性有关，或与其相对较强的环境适应能力相一致。

4. 多糖类物质

单环刺螠废弃内脏中总糖含量约为4.09%。平均分子量约为4.1 kDa，主要为硫酸脂化的类糖胺聚糖，硫酸根含量约为8.9%。为富含β构型的多分支结构，葡萄糖的连接方式主要为-Glcp（1→、→4）-Glcp（1→、→4，6）-Glcp（1→和→3，6）-Glcp（1→）组成，以及甘露糖的Manp（1→、→2）-Manp（1→和→6）-Manp（1→）连接方式等（朱森君等，2015）。

从单糖成分看，主要以葡萄糖为主，其次还含有氨基葡萄糖、甘露糖、半乳糖和岩藻糖。木糖、鼠李糖、葡萄糖醛酸、氨基半乳糖的含量较少（图6-4）。组成与栉孔扇贝、方格星虫类似。

海洋生物来源的糖胺聚糖具有丰富的生物活性，在提高免疫力、调节心血管疾病和抗肿瘤等方面都具有良好的应用前景（刘春雨等，2019）。具体可参考体壁多糖部分介绍。目前围绕单环刺螠内脏多糖的体外活性研究表明，其具有较好的抗氧化、抗凝血、抗血栓形成的能力，为实现其利用提供了较好的科学依据。

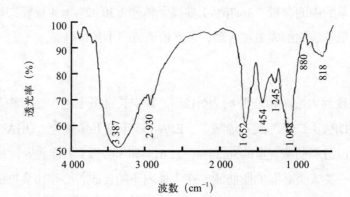

图6-4　单环刺螠内脏多糖的红外光谱图（摘自朱森君等，2015）

5.无机及微量元素

单环刺螠内脏中也含有丰富的无机盐及微量元素（表6-3）。其中以Ca含量最高，然后依次为Mg、Fe、Zn、Mn等（李珊等，2006；孟祥欣等，2008），Pb、As、Hg、Cd等重金属的含量均符合《食品安全国家标准》（GB 2762—2017）。

表6-3　化学元素含量测定结果，单位×10⁻⁶

（摘自孟祥欣等，2008）

元素	含量	元素	含量
Ca	93.2	Cu	0.13
Mg	18.1	Cr	未检出
Fe	14.1	Pb	0.005
Zn	1.45	As	0.002
Mn	0.48	Hg	0.000 1
Ni	0.32	Cd	0.000 8

三、体腔液与体腔细胞

单环刺螠所属的刺螠属螠虫生物均采用开放式循环系统，没有心脏、血管等脏器的分化。体腔液和体腔液细胞分布在内脏周围的体腔空间中，起到代替血液的作用。

单环刺螠的体腔液为红色，类似人类的血液，其中含有多种类型的体腔液细胞（图6-5，见彩图22）。至少包括类血液细胞、类淋巴细胞、免疫相关细胞、生殖细胞等类型。另外，体腔液中还含有诸多进行机体先天性免疫防御的分子，如抗菌肽、溶菌酶、凝集素、类补体蛋白、免疫酶类等。不仅营养价值丰富，还有很高的医用和保健价值。

目前关于采用开放式循环系统的水生无脊椎动物体腔液细胞的分类标准尚未建立和明确。多采用光学显微镜观察、流式细胞分选、免疫标记等方法和技术进行初步分析。我们利用光学显微观察结合原代培养的技术，对单环刺螠体腔液细胞进行了初步分析，大体可将其分为颗粒细胞、透明细胞、吞噬细胞、淋巴样细胞等几种类型。具体成分及功能尚待进一步分析。

研究表明，海洋无脊椎动物的体腔液普遍具有创伤后机体修复、病原体的识别、防御和清除、抑制血栓形成等功能，在溶栓药物筛选、抗氧化制剂研究方面具有非常好的应用潜力。

对单环刺螠的体腔液而言，基础性研究尚需开展。同时与内脏一样，属于初级加工的副产物，存在集中收取困难的问题。可以在内脏收取时同步采集，从而进一步提高其利用价值。

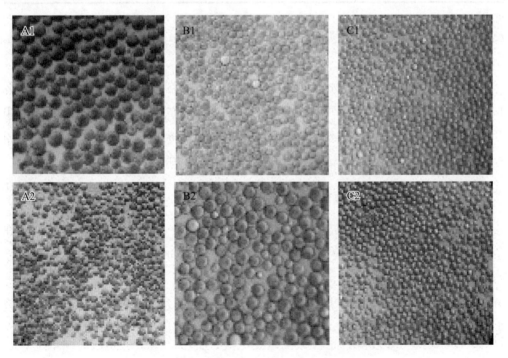

图6-5　单环刺螠几种体腔液细胞的原代培养

数字1，2代表体外培养第2 d和第5 d；A. L-15N培养；B. MEM培养；C. 改良DMEM培养

第二节　单环刺螠体内的活性物质

单环刺螠不仅营养丰富，其体内还富含多种具有较好开发潜力的生物活性物质（表6-4）。本节中对目前通过实验鉴定出的生物活性物质进行概述。同时对部分活性物质的提取和制备工艺进行了总结，为该类物质的开发应用提供理论支撑。

表6-4　目前已鉴定的单环刺螠体内生物活性物质及主要活性

成分	类型	来源	分子量（kDa）	主要活性
纤溶酶UFE 1~4	蛋白	体腔液	8~45	溶栓
溶菌酶	蛋白	体壁/体腔液	14	抗菌
血红蛋白	蛋白	体腔液	15	抗菌
抗凝肽	多肽	体壁	3.3	抗凝血
抗肿瘤肽	多肽	体腔液	6~8	抗肿瘤
螠速激肽 Ⅰ~Ⅶ	多肽	体壁	0.9~1.2	神经递质，抗菌
糖胺聚糖	多糖	体壁/内脏	4~8 000	抗氧化，溶栓

一、体壁胶原

胶原蛋白主要存在于动物结缔组织中，是皮肤、骨骼等组织的重要构成部分。源于陆源哺乳动物如猪、牛、驴等的胶原蛋白早已实现了产业化应用。但由于人畜共患疾病的潜在威胁、不同人群宗教信仰的差异，以及陆源胶原蛋白天然特性的不足等原因，针对替代型新型胶原蛋白的寻找、筛选、制备和应用研究层出不穷。

1. 水产胶原的类型及功能

水产动物的胶原蛋白具有来源丰富、结构简单、免疫原性低、生物相容性好、安全性高、制备提取成本较低等优点，是优良的陆源胶原替代品。在食品（李金影，2008；吴林生，2011；杨树奇，2010）、保健品、日化（杨树奇，2010；郭瑞超，2006）、医疗领域（蒋挺大，2006；刘慧玲等，2005）均具有较高的应用价值（表6-5）。

表6-5　胶原蛋白的应用领域及主要功能

领域	应用及功能
食品领域	具有良好的乳化性，在人造奶油的制作过程中可作为乳化剂 稳定性良好，在生产糖浆的过程中作为稳定剂，防止糖浆中的油水相分离 在制作果冻的过程中作为食品的胶冻剂 具有改善产品的质地和口感的作用 在各种酒以及饮料的生产中作为澄清剂 应用在模拟食品的生产中
化妆品领域	补充人体皮肤所需要的多种营养成分，使皮肤的养分充足，活性加强 对受损组织进行修复，同时具有填充凹陷受损皮肤的作用 与皮肤具有较好的亲和力，在皮肤周围形成一层皮膜，减少刺激性的物质对皮肤的损伤 具有良好的保湿功效 能够加速真皮层皮肤的生长，从而有效延缓肌肤的松弛与衰老 防止皱纹的出现
医学领域	作为烧伤敷料、止血粉剂、心脏瓣膜、血管和气管的替代材料、外科用缝线等 通过胃黏膜可以起到抵抗溃疡、免疫调节功能等作用 用作制备凝血材料的原料以及器官移植材料的原料 有效改善关节病及骨质疏松症等疾病

根据胶原活性区域的不同，可将目前鉴定的陆源哺乳动物胶原分为27种不同的类型（Pace J M et al., 2003），其主要分布特征如表6-6所示。

水产胶原的类型相对较少，包括广泛分布在皮肤、骨骼、肌肉等的Ⅰ型胶原；分布在软骨、脊索等的Ⅱ型、Ⅺ胶原；来源于肌肉的Ⅴ型胶原等。Ⅰ型胶原蛋白在水产品中含量最丰富。

表6-6　胶原蛋白的种类及其在组织中的分布

类型	肽链组成	组织分布	其他主要特征
Ⅰ	$[\alpha_1(Ⅰ)]_2\alpha_2(Ⅰ)$	真皮、腱、骨、牙	复杂机体中量最大的结构
	$[\alpha_1(Ⅰ)]_3$	胎儿、炎症及肿瘤组织	两种α链均不含半胱氨酸，侧链含糖量约1%
Ⅱ	$[\alpha_1(Ⅱ)]_3$	透明软骨、玻璃体、胚胎角膜、神经视网膜	羟赖氨酸的羟基几乎全和糖结合，含糖量约10%，通常为直径较小的带状纤维
Ⅲ	$[\alpha_1(Ⅲ)]_3$	胚胎真皮、心血管、胃肠道、真皮、网状纤维	侧链含糖量少，含半胱氨酸及-S-S-交联，组氨酸亦多，活体呈强嗜银性

类型	肽链组成	组织分布	其他主要特征
IV	$[\alpha_1(IV)]_3$ $[\alpha_1(IV)]_2\alpha_2(IV)$ $[\alpha_2(IV)]_3$	基膜极板、晶状体囊、血管球基膜	羟赖氨酸多，含糖量高，羟脯氨酸的羟基除4位外还有3位
V	$\alpha_1(V)[\alpha_2(V)]_2$	胚胎绒毛膜、羊膜、肌等	富含羟赖氨酸，又称V122
	$[\alpha_1(V)]_2\alpha_2(V)$	人烧伤后的颗粒组织	
	$\alpha_1(V)\alpha_2(V)\alpha_3(V)$	培养肺泡上皮细胞分泌	又称V123
VI	$\alpha_1(VI)\alpha_2(VI)\alpha_3(VI)$	人胎盘组织	又称内膜胶原
VII	$[\alpha_1(VII)]_3$	人胚胎绒毛膜和羊膜、复层扁平上皮基膜和锚原纤维	又称长链胶原或LC胶原。含3条相同α链，呈三股螺旋
VIII	$[\alpha_1(VIII)]_3$		短链胶原与内皮细胞层相连
IX	$\alpha_1(IX)\alpha_2(IX)\alpha_3(IX)$	鸡透明软骨、胚胎鸡角膜	沿软骨胶原原纤维表面分布，短臂插入间质中
X	$[\alpha_1(X)]_3$	软骨	肥大软骨细胞的特殊产物
XI	$\alpha_1(XI)\alpha_2(XI)\alpha_3(XI)$	透明软骨	量小，起调节胶原纤维直径的作用
XII	$[\alpha_1(XII)]_3$		阻隔式的三股螺旋结构，与I型胶原连接
XIII	$[\alpha_1(XIII)]_3$	量小、分布广	被切割的方式不同，形成多种形式
XIV	$[\alpha_1(XIV)]_3$	与纤丝相连的胶原	阻隔式的三股螺旋结构
XV	$[\alpha_1(XV)]_3$	在成纤维细胞和平滑肌细胞中表达	
XVI	$[\alpha_1(XVI)]_3$		
XVII	$[\alpha_1(XVII)]_3$	在真皮与表皮连接处表达	呈多处阻隔式的三股螺旋结构
XVIII	$[\alpha_1(XVIII)]_3$	在高度血管化的组织中表达	
XIX	$[\alpha_1(XIX)]_3$	人横纹肌肉瘤细胞	
XX	$[\alpha_1(XX)]_3$	肌腱、胚胎及胸软骨	
XXI	$[\alpha_1(XXI)]_3$	血管壁细胞	
小胶原	$\alpha_1\alpha_2\alpha_3$	人软骨、鸡软骨	分子量较小

研究发现单环刺螠体壁胶原蛋白为典型Ⅰ型胶原蛋白。胶原蛋白中甘氨酸含量占比最高，约占氨基酸总量的1/3；丙氨酸、脯氨酸、谷氨酸和天门冬氨酸含量较高；组氨酸、酪氨酸、苯丙氨酸含量较低。特有的亚氨基酸（脯氨酸和羟脯氨酸）所占的比例为12.6%。脯氨酸的羟基化程度为35.71%，羟脯氨酸与脯氨酸之比为0.56，与源于脊椎动物的Ⅰ型胶原类似。单环刺螠体壁的胶原蛋白由α链（α1和α2）、β链和γ链组成。三螺旋结构中存在二硫键（刘志娟，2012）。

2. 胶原蛋白的制备方法

胶原蛋白的提取分离方法已日趋成熟。通过将胶原蛋白溶解于其他蛋白质不能溶解的外部环境介质中，达到提取和纯化的目的。根据选用介质的不同，提取方法可大体分为四类：即酸提法、碱提法、酶提法、中性盐提取法（胡胜等，2002；王碧等，2001；郭瑞超，2006；毕琳，2006）。各提取制备方法及其优缺点如表6-7所示。

实际制备过程中要综合考虑提取成本、提取效率和产品的应用场景，多采用不同方法组合进行。

表6-7　胶原蛋白提取方法的比较

提取方法	介质	适用对象	优点	缺点
酸提法	盐酸、甲酸、醋酸和柠檬酸等	酸溶性胶原蛋白	条件温和，能保持天然三螺旋结构；有利于保持天然活性	产量较少；溶剂残留；设备腐蚀；环境污染等
碱提法	氢氧化钠、石灰、碳酸钠等	碱溶性胶原蛋白	操作简单；提取速度快	易产生氨基酸消旋混合物；破坏三螺旋结构；残留介质毒性等
中性盐提取法	氯化钠、乙酸钠、氯化钾等	中性盐溶胶原蛋白	胶原溶出速度快；胶原完整性较好；工艺稳定	盐浓度对结构影响；离子脱除难度较大
酶提法	木瓜蛋白酶、中性蛋白酶、胰蛋白酶、胃蛋白酶等	所有类型	条件温和；胶原结构较完整；速度快、纯度高、工艺较稳定等	成本较高；酶类选择关键

单环刺螠体壁胶原为酸性蛋白。可采用酸提法进行制备。如刘志娟等将去除内

脏后的单环刺螠体壁去除非胶原部分后，依次经NaOH、正丁醇处理，然后用醋酸溶解制得酸溶性胶原蛋白。并对单环刺螠胶原蛋白的理化性质进行了分析，结果见表6-8。

单环刺螠体壁胶原蛋白的热收缩温度为67.51℃，高于牛皮Ⅰ型胶原蛋白；热变性温度为33.6℃，低于猪皮胶原蛋白（刘志娟，2012）。

表6-8 单环刺螠Ⅰ型胶原蛋白的理化特性

理化特性	功能
溶解度	随pH增加先增后降后回升；pH为4时最大，pH为7时最小； 随NaCl浓度的增加而逐渐下降
流变性能	粘弹性随着剪切频率增加而增加； 30℃时交点对应的频率达到最高，40℃和50℃时的交点所对应的频率降低
热稳定性	热收缩温度为67.51℃；溶液中热变性温度为33.6℃
乳化性能	乳化能力39.7%，稳定性良好

二、溶菌酶

作为低等的海洋无脊椎动物，单环刺螠的免疫系统较为简单，没有适应性免疫系统，主要依赖固有免疫系统及其相关功能因子。推测其可依靠体表分泌物、体壁等物理屏障阻滞和隔绝病原微生物的侵染。同时其体内还含有丰富的免疫防御类分子，如溶菌酶、抗菌肽、血红蛋白等，在其抵御和清除病原感染中起到关键作用。

溶菌酶是先天免疫系统中的一个关键因子，普遍存在于动植物的体液和组织中，具有溶解微生物细胞壁、阻碍微生物繁殖的作用。源于鸡蛋清、牛奶等的溶菌酶已实现了在食品保鲜、防腐，以及医疗健康等领域的广泛应用（朱元镇等，2018）。

Hye Young Oh等采用高效液相色谱法从单环刺螠体内分离出一种存在于无脊椎动物中的I型溶菌酶（UU-ILY）。其相对分子量约为14 kDa，成熟蛋白由122个氨基酸残基组成。多序列比对显示其与来源于蚯蚓、水蛭等环节动物的I型溶菌酶具有较高同源性。在肾（管）、肛门囊和肠中的转录表达水平相对较高。

天然提取的UU-ILY具有与蛋清溶菌酶类似的溶菌和抗菌效果。虽然采用细菌外源表达系统生产的重组UU-ILY溶菌活性明显低于天然蛋白，但仍然存在抗菌活性，推测UU-ILY具有非酶的抗菌能力（Oh H Y et al., 2018）。

三、纤溶酶

单环刺螠采用开放式循环系统，为保持体内类血液不凝固，进化出多种抗凝机制，推测其中存在诸多抗凝物质。

纤溶酶（Plasmin）是最先被报道，也是目前研究较为透彻的单环刺螠抗凝类重要分子之一。将单环刺螠匀浆后，经离心、超滤、层析等方法处理，分离得到一组纤溶酶。按照相对分子量的大小，分别命名为单环刺螠纤溶酶Ⅰ（45kDa）、纤溶酶Ⅱ（26kDa）、纤溶酶Ⅲ（20kDa）、纤溶酶Ⅳ（8～10kDa）（朱琦，2009；蒋仲青，2009；郭金明，2008）。

理化性质研究表明，单环刺螠的纤溶酶具有较高的稳定性。最适反应温度约为50℃。酶在pH值7.5～8.5的偏碱性环境中活力较强；在pH值6.0～9.0时酶活力相对稳定；在20～50℃温度范围内，具有良好的热稳定性。Mg^{2+}对酶的活性有促进作用，Cu^{2+}、Fe^{3+}、Ca^{2+}、Zn^{2+}等离子对酶活性具有一定的抑制作用（刘万顺等，2012；韩宝芹等，2011，2014）。

与已发现的陆地生物来源的纤溶酶以及其他海洋生物来源的纤溶酶相比，单环刺螠纤溶酶分子量相对较小。且蛋白的含糖量低，推测其为非糖蛋白（成慧中，2011；冯伊琳，2011）。

与蚯蚓来源的蚓激酶类似，单环刺螠的纤溶酶具有很高的纤维蛋白亲合性，可直接水解纤维蛋白。同时具有激酶活性，通过激活纤溶酶原并使之转化为纤溶酶，从而间接地促进纤维蛋白的水解（初金鑫等，2010；王佃亮等，2010）。

进一步研究发现，这4种纤溶酶的体外溶栓效果均强于蚓激酶，并且具有较高的生物安全性；体外抗凝实验表明，该组酶均具有显著的抗凝作用，且具有浓度效应。在相同浓度下抗凝效果优于蚓激酶（毕庆庆，2013；杜芳，2013）。

同时发现单环刺螠纤溶酶的溶栓作用相对温和，对细胞损伤较小。而蚓激酶对个别红细胞的细胞膜具有一定程度的损伤作用。

单环刺螠纤溶酶具有显著的抗凝血和抗血栓形成作用，经口给药后能明显减少动脉血栓的湿重和干重，显著延长大鼠的凝血时间、凝血酶原时间和血浆凝血酶时间，且显示出一定的量效关系。在小鼠体内可产生一过性抗体，对机体不造成负面影响。无明显的溶血毒性。可具有很好的开发利用前景（许秀秀等，2019；孙雪燕，2015）。

四、血红蛋白

血红蛋白（Hemoglobin，Hb）是一种具有运载氧、阿片肽、免疫调节、抗菌和镇痛等功能的蛋白。其蛋白片段也是机体先天性免疫中用以杀死外源微生物的重要因子（Mak P et al., 2000；牛荣丽等，2019）。

陈翔根据美洲刺螠（*Urechis caupo*）的血红蛋白基因序列，对单环刺螠的类似基因进行了克隆，并用细菌进行了外源表达。发现单环刺螠的血红蛋白（*Uu Hb-F-I*）由142个氨基酸残基构成，相对分子量为15.1kDa，等电点为9.02。其二级结构中含大量α螺旋（70.42%）。属于碱性球蛋白，不含信号肽序列，具有血红素蛋白家族的保守蛋白结构域，对氧分子有较强的亲和力。大肠杆菌外源表达的重组蛋白（rUu Hb-F-I）对部分革兰阳性菌、革兰阴性菌有抗菌作用，且对革兰阳性菌的抗菌效果强于革兰阴性菌，MIC最小为 $2.78 \sim 4.63 \mu M$（陈翔，2014）。

牛荣丽等利用酶解法测试了重组单环刺螠血红蛋白酶解片段的抗菌活性。发现蛋白酶的种类对其抗菌活性产生较大影响，且抗菌活性随片段长度缩小而降低，说明在肽链中存在一定的抗菌活性区域（牛荣丽等，2019）。

五、活性多肽

单环刺螠体内存在多种生物活性肽，分别具有抗肿瘤、抗菌、免疫调节等功能（表6-9）。

表6-9 已报道的单环刺螠体内活性多肽及主要制备方法

成分	提取及制备方法
螠速激肽I~Ⅶ	液氮冷冻，匀浆，乙醇-乙酸（96∶4）提取，Sep-pak C-18分离
抗凝肽	Tris-HCl匀浆，离心，CCl₄除脂，4KDa超滤，sephadex G-25层析，冷冻干燥
抗肿瘤肽	过滤，除脂，超滤，sephadex G-25层析，冷冻干燥
壮阳肽	高温高压处理，超声波萃取，离子交换，反相HPLC
抗氧化肽	清洗，粉碎，酶解（胃蛋白酶、中性蛋白酶、碱性蛋白酶）
降血糖肽	清洗，粉碎，酶解（胃蛋白酶、中性蛋白酶、碱性蛋白酶）

1. 抗肿瘤肽

赵欢等利用超滤、冷冻干燥技术和凝胶层析技术，从单环刺螠的体腔液中分离出一种相对分子量小于8 KDa的多肽。该多肽在体外能够抑制肿瘤细胞的生长繁殖：

200 µg/mL对肝癌细胞的抑制率可达34.75%，浓度升高至500 µg/mL时，抑制率可达79.98%，而对正常的肝细胞无明显影响；体内实验研究表明，该多肽对S180荷瘤小鼠的肿瘤生长也具有一定的抑制效果，使用剂量为750 mg/kg时，肿瘤的抑制率约为32%。同时发现该多肽可以调节小鼠的免疫功能：对小鼠巨噬细胞吞噬中性红的能力、碳廓清速度、白细胞介素IL-1的产生效率及淋巴细胞的增殖能力均有增强作用（赵欢等，2008）。

2. 抗凝肽

Won-Kyo Jung从单环刺螠体壁中分离到一种相对分子量为3.3 kDa的凝血因子FIXa抑制肽（UAP），氨基酸序列为GELTPESGPDLFVHFLDGNPSYSLYADAVPR。该多肽与FIXa共同作用，可以抑制FX的生物活性，提高促凝血酶原激酶的作用时间，延长凝血时间。可剂量依赖性地延长凝血活酶时间（APTT）的正常凝血时间（32.3 ± 0.9）s至（192.8 ± 2.1）s。

在特异性因子抑制实验中，加入单环刺螠抗凝肽（UAP）后，正常血浆中FIXA活性明显降低（$P<0.05$），且呈剂量依赖性。用表面等离子体共振（SPR）光谱仪进行结合亲和力分析表明，UAP与FixA的结合可以抑制FixA与FX之间的相互作用。UAP与FixA结合可通过抑制固有张力酶复合体中FX向FXA的转化而延长凝血时间。这与抑制内源性凝血因子的内源性途径有关（Jung W K et al., 2008）。

3. 抗菌肽

伴随抗生素的大规模使用及在某些情况下的滥用，病原微生物对常规抗生素类药物抗/耐药性的出现，基于新型抗菌机制的抗菌类药物的研发和需求日益增加。海洋无脊椎动物生活环境中存在大量的潜在致病性微生物，其对抗和清除病原菌感染的机制受人关注，也使之成为新型抗菌类物质筛选的主要来源之一。

迄今为止，研究者们已从海洋无脊椎动物中鉴定出大约40种不同的抗菌肽或类抗菌肽物质（表6-10）。

这类抗菌肽大多具有两个显著的分子特征：其一，分子带正电荷，一级结构中存在多个半胱氨酸（Cys）残基，从而使该类抗菌肽能够通过静电力与带负电荷的细菌膜相互结合，破坏细菌膜的完整性；其二，该类多肽可形成两亲结构，从而方便地插入到细菌膜的磷脂双层中，进一步导致病原细菌的死亡（Sperstad Sigmund V et al., 2011）。

表6-10　来源于海洋无脊椎动物的抗菌肽及其特点

（摘自Sigmund V S et al., 2011）

类群	抗菌肽/族	肽链长度	物种	#Cys	活性谱	来源
节肢动物	Crustins	56 ~ 201 aa	Decapoda (order)	12	G + (G−，F)	血细胞
	Penaeidins	47 ~ 67 aa	Penaeidae (family)	6	G+，F，(G)	血细胞
	Bactenecin-like	6.5 kDa	*Carcinus maenas*	ND	G+，G−[b]	血细胞
	Homarin	ND	*Homarus americanus*	ND	G−[b]	血细胞
	Callinectin	32 aa	*C. sapidus*	4	G−[b]	血细胞
	Ls-Stylicin 1	82 aa	*L stylirostris*	13	F(G−)	血细胞
	Hyastatin	114 aa	*Hyas araneus*	6	G+，G−，F	血细胞
	Arasin I	37 aa	*H. araneus*	4	G+，G−，F	血细胞
	Tachyplesins	17 aa	Limulidae (family)	4	G+，G−，F	血细胞
	Tachycitin	73 aa	*Tachypleus tridentatus*	10	G+，G−，F	血细胞
	Tachystatins	41 ~ 44 aa	*T. tridentatus*	6	G+，G−，F	血细胞
	Big defensin	79 aa	*T. tridentatus*	6	G+，G−，F	血细胞
	Polyphemusins	18 aa	*Limutus potyhemus*	4	G+，G−，F	血细胞
	Scygonadin	102 aa	*Scylla serrata*	2	G+ (G−)	精浆
	SSAP	102 aa	*S. serrata*	2	G+，G−[b]	血细胞
	Arasin-likeSp	41 aa	*S. paramamosain*	4	G+，G−[b]	血细胞
	GRPSp	29 aa	*S. paramamosain*	2	G+[b]	血细胞
被囊动物	Clavanins	23 aa	*Styela clava*	0	G+，G−，F	血细胞
	Clavaspirin	23 aa	*S. clava*	0	G+，G−，F	咽部
	Styelins	31 ~ 32 aa	*S. clava*	0	G+，G−[b]	血细胞/咽
	Dicynthaurin[c]	30/30 aa	*Halocynthia aurantium*	2	G+，G−	血细胞
	Halocidin[c]	18/15 aa	*H. aurantium*	2	G+，G−，F*	血细胞
	Halocyntin	26 aa	*Halocynthia papillosa*	0	G+，G−[b]	血细胞
	Papillosin	34 aa	*H. papillosa*	0	G+，G−[b]	血细胞
	Ci-MAM-A	ND	*Ciona intestinalis*	0	G+，G−，F	血细胞
	Ci-PAP-A	ND	*C. intestinalis*	0	G+，G−，F	血细胞

续表

类群	抗菌肽/族	肽链长度	物种	#Cys	活性谱	来源
软体动物	Defensins	39~43 aa	Pteriomorpha (subclass)	6~8	G+，G-	血细胞/鱼鳃
	Big defensins	84~94 aa	Bivalvia (class)	6	G+，G-，F*	血细胞
	Mytilins	32~34 aa	Bivalvia (class)	8	G+，G-，F	血细胞
	Myticins	40 aa	Bivalvia (class)	8	G+ (G-，F)	血细胞
	Mytimycin	54 aa	Mytilus (genus)	12	F	血细胞
	Dolabellanin-B2	33 aa	*Dolabella auricularia*	4	G+，G-，F	体壁
环节动物	Hedistin	22 aa	*Nereis diversicolor*	0	G+，G-[b]	体腔细胞
	Arenicins	21 aa	*Arenicola marina*	2	G+，G-，F	体腔细胞
	Perinerin	51 aa	*Perinereis aibuhitensis Crube*	4	G+，G-，F	匀浆
棘皮动物	Strongylocins	48~52 aa	*Strongylocentrotus droebachiensis*	6	G+，G-，F	体腔细胞
	Centrocins[c]	30/12 aa	*S. droebachiensis*		G+，G-，F	体腔细胞
刺胞动物	Aurelin	40 aa	*Aurelia aurita*	6	G+，G-[b]	胞浆

注：ND：不确定；G+：革兰氏阳性细菌；G-：革兰氏阴性细菌；F：真菌。*：尚未对表中的微生物类型进行测试。c.二聚体抗菌肽；d. 合成类似物具有抗菌活性；e.没有针对真菌进行筛选，但是对表达宿主巴斯德毕赤酵母表现出杀真菌活性；括号表示对抗菌肽敏感性较低的微生物。

目前关于单环刺螠体内抗菌肽的报道相对较少。研究者们曾利用高效液相色谱法等从单环刺螠的腹神经索中纯化提取了螠速激肽（表6-11）。几种螠速激肽分别展示出了诱导神经传导、抗菌、溶血等生理活性（IIkeda T et al., 1993；Kawada T et al., 1999，2001，2002；Sung W S et al., 2008）。

（1）神经递质活性

对蟑螂后肠的收缩作用试验阐明，在10^{-7}M处，Uru-TK Ⅲ和Ⅴ对后肠有较强的刺激作用，其浓度略高于Uru-TK Ⅱ；Uru-TK Ⅰ的收缩作用低于Uru-TK Ⅱ。Uru-TK Ⅳ和Ⅶ在10^{-6}M处的作用几乎与URU-TK Ⅱ相当。

表6-11　单环刺螠速激肽的氨基酸序列及分子量

速激肽	氨基酸序列	分子量Da
Uru-TK Ⅰ	LRQSQFVGAR-NH2	1 160.67
Uru-TK Ⅱ	AAGMGFFGAR-NH2	983.49
Uru-TK Ⅲ	AAPSGFFGAR-NH2	979.51
*Uru-TK Ⅳ	PRAAYSGFFGAR-NH2	1 298.68
Uru-TK Ⅳ	AAYSGFFGAR-NH2	1 045.52
Uru-TK Ⅴ	APSMGFFGAR-NH2	1 039.51
*Uru-TK Ⅵ	APHMRFYGSR-NH2	1 220.61
Uru-TK Ⅶ	APKMGFFGAR-NH2	1 080.58

注：* Uru-TK Ⅳ和Ⅵ是从单环刺螠速激肽cDNA序列预测的氨基酸序列。

（2）抗菌活性

对URU-TK Ⅰ和Ⅱ的抗菌敏感性的测定表明，Uru-TK Ⅱ的抗菌活性强于Uru-TK Ⅰ。Uru-TK Ⅰ和Ⅱ的抗菌活性均弱于蜂毒素。虽然Uru-TK Ⅰ和Ⅱ对革兰氏阳性菌的抗菌活性不如万古霉素，但与卡那霉素相比，这些肽对革兰氏阴性菌的抗菌活性提高了4～8倍。Uru-TK Ⅰ和Ⅱ在抗真菌活性弱于蜂毒素。与两性霉素B活性类似。

（3）溶血活性

Uru-TK Ⅰ和Ⅱ引起人红细胞溶血能力的结果表明，Uru-TK Ⅰ和Ⅱ对人红细胞没有细胞毒性，即无溶血性，而蜂毒素显示出很强的溶血活性。表明这些肽在微生物细胞和哺乳动物细胞之间具有细胞选择性。

4. 人工活性肽

除目前分离得到的天然活性多肽外，研究者们还利用酶解、水提、物理裂解等工艺，对单环刺螠中的潜在的活性多肽片段进行了分析。分离出具有壮阳、抗氧化、降血糖效果的活性多肽和多肽产物。

（1）壮阳肽

BoMi Ryu等利用高温高压裂解、结合超声波萃取和色谱分离技术，从单环刺螠中分离出一种相对分子量为361.15 Da，具有一定促勃起效果的多肽（DDL）。该多肽可提高雄性小鼠血清中的NO和cGMP的水平，抑制Ca通道激活，从而增强前列腺平滑肌细胞的收缩能力，达到促勃起的效果（Ryu B et al., 2014）。

（2）抗氧化及降糖肽

张晓晓、刘春娥等利用多种蛋白酶对单环刺螠体壁、内脏进行酶解，制备出具有较好抗氧化能力和一定降糖功能的复合多肽（表6-12）。不同酶的酶解产物展示出略有差异的特性，其中胃蛋白酶酶解产物在抗氧化、降血糖效果方面高于其他几种（张晓晓等，2018；刘春娥等，2018）。

表6-12　单环刺螠体壁的酶解产物特性（摘自刘春娥等，2018）

酶解产物	颜色	质地	口感	产物特点
胃蛋白酶	接近纯白	细，较其他两种质轻	有咸味，酸味较明显	抗氧化能力最好
中性蛋白酶	浅土黄色	较细	味咸、微苦	螯合亚铁离子最强，抗氧化能力较好
碱性蛋白酶	白中带黄	较粗，有晶体状亮光	味咸、微苦	抗氧化能力较好

六、活性多糖

单环刺螠体壁和内脏的多糖中均含有具有一定比例的糖胺聚糖（Glycosaminoglycan，GAG）。其中硫酸根含量均值为30.26%，糖醛酸含量均值为25.25%，氨基糖含量均值为7.58%；该种糖胺聚糖中还含有-OH、-COO-、-SO2、C-O-C（糖环）等特征基团，与其他海洋生物来源的GAG存在一定差异（崔青曼等，2015；韩旭，2014）。

杨玉品、焦绪栋、朱佳利等利用热水浸提结合酶解处理等工艺，对单环刺螠体壁及其内脏中的多糖进行了制备。发现单环刺螠体壁多糖得率约为5.3%，内脏多糖得率约为6.2%。制备的单环刺螠多糖具有抗氧化、抗凝血、降血糖等生物活性（杨玉品，2011；焦绪栋等，2013；朱佳利等，2015）。

刘萍、苗飞等对单环刺螠中的糖胺聚糖的抗凝血机理进行了分析。发现其可显著降低血浆凝血因子（Ⅴ、Ⅶ、Ⅹ、Ⅷ、Ⅸ、Ⅺ、Ⅻ）的活性，可通过屏蔽血液中Ca^{2+}，延长大鼠血复钙凝血时间，且其作用优于肝素钠（刘萍，2015；苗飞，2018）。

糖胺聚糖是一种广泛存在于动物体中的活性杂多糖，又称黏多糖、氨基多糖、酸性多糖等。是一种由氨基己糖和己糖醛酸交替链接构成的长链聚合物。许多海洋中动物均有存在（表6-13）。这种活性杂多糖目前明确结构的有7种，如硫酸软骨素、肝素、透明质酸等。大都具有抗肿瘤、抗血栓、降血糖、抗氧化、调节免疫力等多种生物活性。近年来备受关注，具有很好的开发价值。

表6-13　国内报道的来源于海洋生物的糖胺聚糖及生物活性

来源生物	多糖类型	主要生物活性	主要参考文献
海湾扇贝	糖胺聚糖	增强免疫力，抗肿瘤	李雪梅等
栉孔扇贝	粗多糖	免疫调节	金路等
日本刺参	酸性多糖	抗肿瘤，提高免疫力，抗病毒	王静凤，刘宗保等
玉足海参	酸性粘多糖	抗凝血，降血脂	张佩文等
乌贼	墨多糖	抗氧化，调节免疫	闵诗刚等
单环刺螠	糖胺聚糖	抗氧化，抗凝血	杨玉品，苗飞等
南海海星	海星多糖	抗氧化	李军等
杂色鲍鱼	鲍鱼多糖	抗氧化	罗晓航等
海蜇	海蜇多糖	免疫调节，病毒抑制，降血脂	王静飞，金晓石等
沙蚕	硫酸多糖	抗氧化，抗凝血	刘潇潇，金立新等
近江牡蛎	糖胺聚糖	免疫调节、抗氧化、抗病毒、降血糖	戴梓茹，胡雪琼，吴红棉，李萌等
毛蚶	糖胺聚糖	免疫调节、降血糖	王莉，范秀萍等
四角蛤蜊	粗多糖	降血糖；抗氧化；保肝	邱韵萦，王海侠，袁春营，王令充等
细长竹蛏	粗多糖	增强免疫活性；抗乙肝病毒	栾晓红等
星虫爱氏海葵	海葵多糖	抗氧化；抗肿瘤；增强免疫力	赵月钧等
翡翠贻贝	贻贝多糖	抗凝血、抗肿瘤、调节免疫	李幔，范秀萍等
虾夷扇贝	糖胺聚糖	抗氧化；降血脂	栾君笑，冯丁丁，于运海，殷红玲等
方格星虫	方格星虫多糖	抗病毒；抗氧化；抗肿瘤；抗菌；抗疲劳	李娜，董兰芳，刘玉明，李珂娴，夏乾峰，彭晓娜等

第三节　单环刺螠的开发利用探讨

一、开发利用的潜力分析

1. 育苗和养殖潜力

单环刺螠主要分布在我国北方的环渤海沿岸及部分海区，随着填海工程、沿海地产和商业开发，以及交通旅游业的兴起，加之多因素导致的海岸线环境污染的加剧，原始的单环刺螠丰产海区有缩小的迹象。而传统的"泵吹""拖网"收获方式和无节制的滥采滥捕，也造成单环刺螠自然产区海底状况的恶化，种种因素导致现在有些海区的自然资源量已严重不足，必须对其天然的繁育海区实施看管和保护。

进行单环刺螠的人工育苗和养殖、增殖能够缓解供应受限的问题，满足市场需求，减少对自然资源的掠夺和依赖。达到保护种质资源，减少环境损害的目的。

随着育苗和养殖技术的成功突破，开展人工育养具有很好的市场前景。目前在我国山东的烟台、威海、潍坊、辽宁的大连、河北的昌黎等地，均已经出现了一些进行相关工作的育苗和养殖企业。这也在一定程度上促进了海水养殖业的转型和升级。

从目前烟台、大连等地区的实践效果来看，单环刺螠的人工育苗和养殖能够带来较为丰厚的经济回报，有助于带动沿海地区的就业，提高养殖户和渔民的收入。

2. 生态效益

研究发现单环刺螠具有改善养殖区生态环境的作用。成体单环刺螠的环境耐受度较好，可适应较长时间的干露条件。体内存在耐受和适应H_2S等有毒有害物质的分子机制，在退潮后的适宜浅滩的洞穴中亦可存活较长时间。

单环刺螠为滤食性动物，以海底的有机碎屑、底层浮游生物等为食，可有效清除底部的饵料、其他生物粪便等有机物，减轻其在海底的沉积，避免底部缺氧、污染等现象的发生。

单环刺螠作为穴居生物，其最深可潜至泥沙下$50 \sim 100$ cm，在打洞、钻洞、觅食的过程中，无形中增加了底部的能量和物质交换，对改善底质状况很有帮助。

3. 综合利用价值

单环刺螠营养美味，长期以来就是我国北方沿海地区，如烟台、大连、青岛等地的知名海珍品。现代生物学研究发现其体内还富含多种生物活性物质，具有极大的开发价值。

目前人们只食用其体壁，占其鲜重60%以上的内脏和血液等部分都被作为水产加工废弃物丢掉，一方面造成环境的污染，另一方面也是极大的浪费。而内脏的营养价值和生物活性物质含量丝毫不逊色于其体壁。因此，如果要开展单环刺螠的综合利用，废弃内脏的开发不可或缺。

二、市场前景分析

目前关于单环刺螠的利用主要集中在食品领域，相信随着研究和开发的进一步深入，在日化、医学等领域的开发也会逐渐兴起。

1. 普通食品领域

作为食品，单环刺螠最大的特点是"鲜"。由于富含鲜味氨基酸，其味道之鲜美是其他海产品难以望其项背的。因此在普通食品领域，除了目前常规的食用途径外，也可考虑开发成高端的海鲜调味品、调味料，或者作为调味或辅助食材，进行相关产品的开发。

目前已有多家企业进行了研制"海肠调味品"的工作。如目前已上市销售的海肠粉等，获得众多"吃货"的欢迎和赞赏。

2. 医用食品领域

我国人口基数大，老龄化日益严重，随着人民生活水平的逐渐提高，糖尿病、脂肪肝、高血压、高血脂、高血糖（俗称"三高"），以及心脑血管疾病等慢性病患者日益增多。近年来"中医治未病""中医养生""慢病调理""食疗"等概念的再次兴起，兼具保健和辅助治疗功能的医用食品的开发潜力巨大。

单环刺螠体内众多的活性物质具有抗凝血、抗肿瘤、调节血糖、提高免疫力等保健和医学功效。通过深加工技术或复合制备技术，使之成为医用食品或医用食品原料的产业，如中科肽谷（山东）生命科学研究有限公司开发的海肠溶酶肽等新型系列食品，具有很好的市场前景。

3. 化妆品领域

单环刺螠的体壁主要由I型胶原构成，同时还含有与透明质酸同类型的多糖类成分。非常有潜力开发为化妆品原料，从而实现在日化领域的应用。

4. 医学应用领域

李宁等曾尝试利用单环刺螠作为输尿管取石缝合手术的训练模型，用来锻炼手术技巧，丰富年轻医生的实践，取得较好效果（李宁等，2016）。

不仅如此，单环刺螠中的活性多肽、多糖还具有提高性能力、溶解血栓、抑制凝血等功能。通过高纯度提取或体外重组制备工艺，将其纯化或制备后则完全可以用于医学领域。如单环刺螠的纤溶酶目前已在进行前期探索，也为以后类似产品的开发提供了良好的借鉴。

参考文献

毕琳. 2006. 刺参（*Stichopus japonicus*）体壁胶原蛋白理化性质和生物活性研究[D]. 青岛：中国海洋大学.

毕庆庆. 2013. 单环刺螠纤溶酶的分离纯化及单环刺螠纤溶酶Ⅲ的药效学研究[D]. 青岛：中国海洋大学.

常城, 韩慧宗, 王腾腾, 等. 2017. 单环刺螠（*Urechis unicinctus*）微卫星标记开发及5个地理种群遗传结构分析[J]. 海洋与湖沼, 48(03): 498–507.

陈红之. 2013. 江苏射阳县：提高沿海滩涂养殖效益[J]. 渔业致富指南, 4(24):9–10.

陈翔. 2014. 单环刺螠血红蛋白F-I全长cDNA序列克隆、原核表达及抗菌活性研究[D]. 厦门：华侨大学.

陈秀玲, 张丽敏, 徐晨曦, 等. 2019. 单环刺螠与刺参工厂化立体生态混养试验[J]. 河北渔业(06): 8–9.

陈义. 1959. 中国动物图谱–环节动物（附多足类）[M]. 北京：科学出版社.

陈义, 叶正昌. 1958. 我国沿海桥虫类调查志略. 动物学报, 10(3): 265–278.

陈宗涛, 张志峰, 康庆浩, 等. 2006. 单环刺螠消化道的发生和分化[J]. 中国水产科学 (05): 700–707.

成慧中. 2011. 单环刺螠纤溶酶UFE-Ⅰ的酶学性质和初步药效学及安全性评价[D]. 青岛：中国海洋大学.

初金鑫, 蔡文娣, 韩宝芹, 等. 2010. 单环刺螠纤溶酶UFE-Ⅰ的溶栓作用、溶血毒性和急性毒性[J]. 药物生物技术, 17(04): 331–333+343.

初金鑫, 蔡文娣, 韩宝芹, 等. 2010. 单环刺螠纤溶酶UFE-Ⅰ的性质和溶栓活性[J]. 天然产物研究与开发, 22(04): 661–664.

初金鑫, 蔡文娣, 韩宝芹, 等. 2010. 单环刺螠纤溶酶UFE-Ⅱ的分离纯化及其酶学性质[J]. 中国生物制品学杂志, 23(07): 720–723.

崔青曼, 刘萍, 王悦, 等. 2015. 单环刺螠糖胺聚糖抗凝血机制初步研究[J]. 食品工业科技, 36(12): 337–340.

戴梓茹, 禤日翔, 孔艳, 等. 2019. 近江牡蛎糖胺聚糖的抗氧化活性及其稳定性[J]. 食品工业科技, 40(24): 40–44.

董兰芳, 张琴, 童潼, 等. 2015. 方格星虫体腔液多糖的提取及体外抗氧化活性[J]. 食品研究与开发, 36(11): 46–49.

董英萍. 2011. 单环刺螠（*Urechis unicinctus*）受精过程的细胞学观察和硫氰酸酶基因的克隆与表达[D]. 青岛：中国海洋大学.

董英萍, 张志峰, 邵明瑜. 2011. 单环刺螠受精过程的细胞学观察[J]. 中国水产科学, 18(04): 760–765.

杜芳. 2013. 单环刺螠纤溶酶Ⅲ的基因克隆及表达[D]. 青岛：中国海洋大学.

范秀萍, 林志明, 吴红棉, 等. 2011. 毛蚶糖胺聚糖降血脂作用及其机制的初步研究[J]. 中国食品学报, 11(02): 70–76.

范秀萍, 吴红棉, 李孟健, 等. 2015. 翡翠贻贝多糖的分离及其对高脂饮食小鼠抗氧化活性的影响（英文）[J]. 现代食品科技, 31(12): 19–25+31.

冯丁丁, 李楠, 高雨, 等. 2017. 虾夷扇贝裙边多糖提取物细胞抗氧化活性的研究[J]. 食品科技, 42(04): 188–193.

冯伊琳. 2011. 单环刺螠纤溶酶Ⅱ基因的克隆及其在酵母中的表达[D]. 青岛：中国海洋大学.

高晓田, 付仲, 赵春龙, 等. 2019. 海参池塘养殖模式抗高温应对措施[J]. 河北渔业(06): 6–7.

高哲生, 邓景耀, 沈寿彭, 等. 1959. 华北沿海的多毛类环节动物[J]. 山东海洋学院学报, 4(00): 131–201.

郭金明. 2008. 单环刺螠纤溶酶UFE Ⅰ的分离纯化和性质研究[D]. 青岛：中国海洋大学.

郭瑞超. 2006. 罗氏海盘车（*Asterias Rollestoni*）体壁胶原蛋白的分离纯化及其部分生物学功能的研究[D]. 青岛：中国海洋大学.

郭永清, 平瑛. 2017. 养殖水域滩涂规划存在问题探讨[J]. 中国渔业经济, 35(04):16–20.

韩宝芹, 杜芳, 毕庆庆, 等. 2014. 单环刺螠纤溶酶Ⅲ基因克隆及原核表达[J]. 中国海洋大学学报（自然科学版）, 44(03): 44–49.

韩宝芹, 冯伊琳, 毕庆庆, 等. 2011. 单环刺螠纤溶酶Ⅱ的基因克隆[J]. 中国海洋大学学报（自然科学版）, 41(Z2): 91–96.

韩旭. 2014. 单环刺螠糖胺聚糖的分离纯化与生物学功能研究[D]. 天津：天津科技大学.

胡海燕, 单宝田, 王修林, 等. 2004. 工厂化海水养殖水处理常用制剂[J]. 海洋科学(12): 59–62+66.

胡胜, 李志强, 陈敏. 2002. 皮胶原蛋白的酶法提取及在高附加值领域的应用[J]. 皮革科学与工程(05): 38–43.

胡雪琼, 吴红棉, 范秀萍, 等. 2014. 近江牡蛎糖胺聚糖的免疫调节活性研究[J]. 现代食品科技, 30(12): 16–24.

黄标武, 林旭吟, 黄瑞. 2015. 近江蛏滩涂养殖技术[J]. 科学养鱼, 4(10):44–45.

黄栋, 秦松, 蒲洋, 等. 2020. 单环刺螠育苗养殖及综合利用研究进展[J]. 海洋科学, 44(12):123–131.

黄明发, 吴桂苹, 焦必宁. 2007. 二十二碳六烯酸和二十碳五烯酸的生理功能[J]. 食品与药品 (02): 69–71.

黄宗国, 林茂. 2012. 中国海洋生物图集[M]. 北京：海洋出版社.

蒋挺大. 2006. 胶原与胶原蛋白[M]. 北京：化学工业出版社.

蒋仲青. 2009. 单环刺螠纤溶酶的分离纯化及其药效学研究[D]. 青岛：中国海洋大学.

焦绪栋, 安传锋, 王福亮, 等. 2013. 单环刺螠废弃内脏中粗多糖的提取工艺优化[J]. 食品科学, 34(02): 27–30.

金立新, 陈丽, 高仁姣, 等. 2020. 沙蚕多糖提取工艺及抗氧化活性研究[J]. 食品研究与开发, 41(08): 112–117.

金路. 2015. 栉孔扇贝多糖的提取分离及纯化多糖对Hela细胞增殖的影响[D]. 沈阳：辽宁医学院.

金晓石, 吴红棉, 钟敏, 等. 2007. 海蜇糖胺聚糖提取、纯化及其降血脂作用研究[J]. 中国海洋药物(04): 41–44.

康庆浩, 郑家声, 金在敏. 2002. 单环刺螠（*Urechis unicinctus*）的人工苗种生产研究Ⅰ. 水温对胚胎发育及幼体培育的影响[J]. 青岛海洋大学学报（自然科学版）(02): 273–278.

李凤鲁, 王玮, 周红. 1994. 黄渤海螠虫动物（螠虫动物门）的研究[J]. 青岛海洋大学学报 (02): 203–210.

李海涵, 刘胥, 孙娜, 等. 2019. 盐度和底质对单环刺螠幼螠生长及成活的影响[J]. 湖南农业科学(04): 85–88.

李恒彬. 2017. 浅谈南美白对虾养殖中常见病害及防治[J]. 农民致富之友(22): 239.

李金龙, 秦贞奎, 史晓丽, 等. 2012. 铜离子对单环刺螠的毒性及对体壁抗氧化酶活性的影响 [J]. 海洋湖沼通报(02): 77–82.

李金影. 2008. 硫酸亚铁微胶囊的制备及其应用研究[D]. 哈尔滨：东北农业大学.

李军, 蒋碧蓉, 吴红梅, 等. 2010. 海星多糖的提取分离与抗氧化活性研究[J]. 广东化工, 37(02): 188–189+193.

李珂娴, 沈先荣, 何颖, 等. 2012. 方格星虫多糖对小鼠免疫功能的影响[J]. 中国海洋药物, 31(01): 46–49.

李珂娴, 沈先荣, 蒋定文, 等. 2011. 方格星虫多糖对小鼠抗辐射能力的影响[J]. 中华航海医学与高气压医学杂志(03): 139–141.

李幔. 2017. 翡翠贻贝多糖对宫颈癌细胞凋亡及miRNA-34a表达的影响[J]. 首都食品与医药, 24(18): 76–77.

李萌. 2008. 牡蛎糖胺聚糖抗病毒作用的实验研究[D]. 青岛大学.

李娜, 沈先荣, 宗杰, 等. 2017. 星虫多糖对亚急性辐射损伤小鼠造血系统的保护作用研究[J].

中国海洋药物, 36(06): 53–59.

李宁, 许丽娜, 张沂南. 2016. 应用单环刺螠模拟训练腹腔镜输尿管切开取石术的研究[J]. 泌尿外科杂志（电子版）, 8(04): 44–47.

李诺, 宋淑莲, 唐永政. 1995. 单环刺螠生活史研究[J]. 齐鲁渔业(06): 24–27.

李诺, 宋淑莲, 唐永政. 1998. 单环刺螠[J]. 生物学通报(08): 3–5.

李诺, 宋淑莲, 唐永政, 等. 1998. 单环刺螠增养殖生物学的研究[J]. 齐鲁渔业(01): 3–5.

李诺, 宋淑莲, 唐永政, 等. 2000. 单环刺螠体壁氨基酸组分与含量的分析[J]. 齐鲁渔业(05): 26–27+49.

李珊, 高华. 2006. 蚕蛹、蝎子、海肠中20种元素的ICP-AES测定和氨基酸含量测定[J]. 氨基酸和生物资源(03): 23–25.

李雪梅, 李丽梅, 陈辉, 等. 2016. 海湾扇贝多糖的纯化、分离及抗肿瘤活性研究[J]. 中国食品学报, 16(07): 121–127.

李岳. 2015. 硫化物胁迫对单环刺螠（*Urechis unicinctus*）ROS介导的呼吸肠细胞凋亡初探[D]. 青岛：中国海洋大学.

李昀, 王航宁, 邵明瑜, 等. 2012. 单环刺螠生殖腺的发生及雌体的生殖周期[J]. 中国海洋大学学报（自然科学版）, 42(06): 81–84.

李兆兰, 郑涛. 1994. 灵芝菌丝体和发酵液有效成分及含量分析[J]. 中草药, 4(01):17–19+54.

刘春娥, 林宏坤, 冯雪, 等. 2018. 单环刺螠（*Urechis unicinctus*）酶解及酶解产物功能研究[J]. 饲料工业, 39（10）: 44–47.

刘春雨, 吴栋, 曹广超, 等. 2019. 动物药中糖胺聚糖研究进展[J]. 当代化工, 48(05): 1079–1082.

刘辉, 于正荣, 雄英, 等. 1995. 含镁极化液治疗急性脑梗塞临床观察[J]. 临床军医, 4(04):23–24+35.

刘慧玲, 王栋, 章金刚. 2005. 胶原蛋白在临床医学中的应用[J]. 北京生物医学工程, 03: 239–241

刘萍. 2015. 单环刺螠糖胺聚糖抗凝血机制研究[D]. 天津：天津科技大学.

刘树人. 2015. 硫化物应激下单环刺螠MAPK信号通路的功能初探[D]. 青岛：中国海洋大学.

刘万顺, 成慧中, 韩宝芹, 等. 2012. 单环刺螠纤溶酶UFE I 药效作用和免疫原性的初步研究[J]. 中国海洋大学学报（自然科学版）, 42(Z1): 88–92.

刘潇潇, 刘丽丽, 赵小亮, 等. 2016. 沙蚕（*Perinereis aibuhitensis*）硫酸多糖的结构表征及抗凝血活性研究[J]. 中国海洋药物, 35(06): 1–6.

刘晓玲, 王增猛, 邵明瑜, 等. 2017. 单环刺螠对刺参养殖池塘底质的影响[J]. 烟台大学学报（自然科学与工程版）, 30(03): 214–219.

刘学迁, 刘志君, 常林瑞, 等. 2019. 单环刺螠规模化人工育苗技术[J]. 河北渔业(06): 11–13.

刘玉明, 钱甜甜, 莫琳芳, 等. 2012. 方格星虫多糖对运动小鼠抗疲劳作用实验研究[J]. 中国海洋药物, 31(03): 41–44.

刘远, 陈兆安, 陆洪斌, 等. 2007. 亚心形扁藻培养基的优化及光合特性[J]. 过程工程学报, 4(06):1197–1201.

刘志娟. 2012. 单环刺螠体壁胶原蛋白结构和性质的研究[D]. 青岛：中国海洋大学.

刘志娟, 张朝辉, 赵雪, 等. 2012. 单环刺螠体壁胶原蛋白的提取及其理化性质[J]. 食品科学, 33(07): 37–40.

刘宗保, 王笑峰, 马忠兵, 等. 2008. 刺参糖胺聚糖抗风疹病毒的初步研究[J]. 齐鲁医学杂志 (06): 507–508+511.

栾君笑, 刘雨博, 佟长青, 等. 2018. 虾夷扇贝糖胺聚糖的提取及降血脂活性的研究[J]. 农产品加工(10): 6–10.

栾晓红. 2015. 两种海蛭多糖的提取、分离和结构分析[D]. 青岛：中国海洋大学.

罗晓航. 2012. PEF结合酶法提取鲍鱼脏器粗多糖及其抗氧化活性研究[D]. 福州：福建农林大学.

吕慧超, 李秉钧, 焦绪栋. 2020.单环刺螠的分子生物学研究进展[J]. 生物学通报, 55(08):1–4.

马玉彬. 2010. 单环刺螠（*Urechis unicinctus*）硫醌氧化还原酶的研究[D]. 青岛：中国海洋大学.

马志珍. 1992. 常用微藻饵料效果的综合评价[J].现代渔业信息, 4(11):12–19.

马卓君. 2003. 单环刺螠（*Urechis unicinctus*）硫化物耐受机理初探[D]. 青岛：中国海洋大学.

孟祥欣, 郭承华, 董新伟, 等. 2008. 单环刺螠（*Urechis unicinctus*）废弃内脏营养成分分析[J]. 烟台大学学报（自然科学与工程版）(03): 232–234.

孟霄, 朱晓莹, 姚海洋, 等. 2018. 单环刺螠繁殖生物学及繁育技术研究进展[J]. 现代农业科技 (20): 215+218.

苗飞. 2018. 单环刺螠糖胺聚糖对血小板膜P_2Y_{12}受体信号通路的影响[D]. 天津：天津科技大学.

闵诗刚, 王光, 钟杰平, 等. 2011. 乌贼墨多糖对大鼠外周血及血液中抗氧化能力影响[J]. 食品研究与开发, 32(01): 123–125.

倪学文. 2005. 海洋微藻应用研究现状与展望[J]. 海洋渔业, 4(03):251–255.

聂世海. 1998. 海产珍稀经济动物幼体的适口饵料小球藻[J]. 水产养殖, 4(04):31.

牛从从. 2005. 单环刺螠虫（*Urechis unicinctus*）生殖细胞的发生、成熟及环境因子对早期发育和变态影响的初步研究[D]. 青岛：中国海洋大学.

牛荣丽, 叶桂华, 程珞瑶, 等. 2019. 单环刺螠重组血红蛋白酶解组分hemocidins的初步抗菌活性分析[J]. 中国新药杂志, 28(02): 184–189.

彭晓那, 雷晓凌. 2007. 方格星虫多糖对小鼠免疫活性的影响[J]. 广东海洋大学学报(04): 54–57.

钱怡, 周瑾茹, 傅玲琳, 等. 2018. 益生菌在工厂化水产养殖中的应用及机制研究进展[J]. 饲料工业, 39(04): 56–61.

邱韵萦, 刘睿, 吴皓, 等. 2018. 四角蛤蜊不同水提醇沉部位降血糖作用及多糖和蛋白成分研究[J]. 南京中医药大学学报, 34(04): 391–394.

曲卫光. 2011. 潍坊滨海区北部海域单环刺螠水产资源保护的研究[D]. 北京：中国农业科学院.

曲卫光, 杨建威. 2019. 论潍坊滨海区单环刺螠资源保护与管理[J]. 农业技术与装备, 4(02): 55–56.

任志强, 张立涛, 刘晓龙, 等. 2015. 单环刺螠中肠和后肠交替氧化酶对硫化物的应激反应[J]. 中国海洋大学学报（自然科学版）, 45(02): 66–71.

邵明瑜, 张志峰, 康庆浩, 等. 2003. 单环刺螠虫消化道组织学和细胞学[J]. 中国水产科学(04): 265–270.

史晓丽. 2012. 单环刺螠硫代谢相关基因的筛选及硫醌氧化还原酶的转录调控初探[D]. 青岛：中国海洋大学.

宋晓阳, 刘彤, 孙阳, 等. 2019. 单环刺螠与刺参工厂化混养试验[J]. 科学养鱼(06): 62.

宋晓阳, 周竹君, 张赛赛, 等. 2019. 水温、盐度对单环刺螠幼体发育影响.[J] 水产养殖, 40(11): 9–10.

孙涛, 刘峰, 王力勇, 等. 2017. 单环刺螠摄食节律的研究[J]. 大连海洋大学学报, 32(04): 447–450.

孙雪燕. 2015. 单环刺螠纤溶酶的重组表达及活性研究[D]. 青岛：中国海洋大学.

孙阳, 刘彤, 陈文博, 等. 2019. 不同泥沙条件对单环刺螠幼体生长存活的影响[J]. 中国水产(11): 81–82.

孙玉华, 丁军. 2015. 大菱鲆工厂化养殖常见疾病防治技术[J]. 中国水产(12): 84–85.

谭志, 马玉彬, 邵明瑜, 等. 2010. 单环刺螠硫醌氧化还原酶相互作用蛋白质的筛选[J]. 海洋科学, 34(08): 60–64.

唐永政, 刘红梅, 车育. 2007. 单环刺螠人工育苗技术要点[J]. 中国水产, 4(03):56.

唐永政, 宋祥利, 翟传阳, 等. 2017. 3种重金属离子对单环刺螠幼螠的急性毒性研究[J]. 烟台大学学报（自然科学与工程版）, 30(01): 31–35.

王碧, 林炜, 马春辉, 等. 2001. 皮革废弃物资源回用——胶原蛋白的利用基础、现状及前景

[J]. 皮革化工(03): 10–14.

王佃亮, 姜合作, 王瑞玲, 等. 2010. 一种新型海洋纤溶酶的分离纯化与性质鉴定（英文）[J]. 中国生物工程杂志, 30(08): 42–51.

王海侠. 2014. 四角蛤蜊糖胺聚糖抗凝血机理研究[D]. 天津：天津科技大学.

王航宁, 邵明瑜, 张志峰. 2011. 单环刺螠精巢年周期发育及精子发生[J]. 中国水产科学, 18(05): 1189–1195.

王静飞. 2016. 海蜇多糖的分离纯化、结构鉴定及免疫活性研究[D]. 合肥：合肥工业大学.

王静凤, 王奕, 赵林, 等. 2007. 日本刺参的抗肿瘤及免疫调节作用研究[J]. 中国海洋大学学报（自然科学版）(01): 93–96+102.

王力勇, 胡丽萍, 赵强, 等. 2017. 单环刺螠亲体运输及暂养技术研究[J]. 中国水产(04): 93–94.

王莉, 何赟绵, 姚全胜. 2009. 毛蚶多糖免疫调节作用的实验研究[J]. 华西药学杂志, 24(04): 340–342.

王令充, 张坤, 郑文文, 等. 2010. 四角蛤蜊提取物的降血糖、保肝和免疫活性研究[J]. 南京中医药大学学报, 26(04): 283–285+324.

王美珍. 1999. 杭州湾滩涂沙蚕人工增养殖技术[J]. 水产养殖, 4(02):5–6.

王淑芬, 唐永政, 李德顺, 等. 2016. 单环刺螠与日本对虾池塘混养试验[J]. 中国水产(02): 85–86.

王思锋. 2006. 单环刺螠（*Urechis unicinctus*）对硫化物的氧化解毒及代谢适应[D]. 青岛：中国海洋大学.

王玮, 周红, 李凤鲁. 1995. 中国沿海螠虫动物（螠虫动物门）名录[J]. 黄渤海海洋(04): 30–35.

王卫平. 2020. 单环刺螠的工厂化人工育苗技术[J]. 水产养殖, 41(05):61+63.

吴宝铃, 孙瑞平. 1979. 中国近海沙蠋科研究——黄海和渤海的柄袋沙蠋的研究[J]. 海洋与湖沼(03): 257–270.

吴红棉, 范秀萍, 胡雪琼, 等. 2014. 近江牡蛎糖胺聚糖体内外抗肿瘤作用研究[J]. 现代食品科技, 30(06): 18–23.

吴林生. 2011. 猪皮明胶的提取、分离及纯化工艺研究[D]. 合肥：合肥工业大学.

吴明月. 2018. 单环刺螠工厂化养殖技术[J]. 齐鲁渔业. 35(6):32–33.

吴杨平, 张雨, 陈爱华, 等. 2018. 江苏沿海贝类育苗中单胞藻培养的实用技术[J]. 水产养殖, 39(09):24–26.

吴志刚. 2009. 单环刺螠线粒体全基因组及其系统发生研究[D]. 青岛：中国科学院研究生院（海洋研究所）.

夏乾峰, 谭河林, 覃西, 等. 2007. 方格星虫多糖抗菌活性的初步研究[J]. 中国热带医学(12): 2192–2193.

夏乾峰, 谭河林, 覃西, 等. 2009. 方格星虫多糖体外抗乙型肝炎病毒活性的研究[J]. 山东医药, 49(08): 35–37.

许星鸿, 孟霄, 甘宏涛, 等. 2020. 单环刺蝎的繁殖生物学[J]. 水产学报, 44(08):1275–1285.

许星鸿, 朱佶轩, 霍伟, 等. 2016. 单环刺蝎人工育苗及养殖技术[J]. 海洋与渔业, 4(03):53–55.

许星鸿, 朱晓莹, 阙义进, 等. 2017. pH、温度和盐度对单环刺蝎消化酶和溶菌酶活力的影响[J]. 水产科学, 36(02): 138–142.

许秀秀, 高壹, 叶晓通. 2019. 重组单环刺蝎纤溶酶对大鼠急性心肌缺血的保护作用[J]. 中国现代应用药学, 36(08): 910–915.

杨成林, 林淦旻, 常林瑞, 等. 2020. 单环刺蝎（*Urechis unicinctus*）幼体肠道消化酶活性的测定方法[J]. 河北渔业(01): 10–16.

杨创业, 杜晓东, 王庆恒, 等. 2016. 双壳贝类营养需求及人工饵料的研究进展[J]. 动物营养学报, 28(11):3422–3428.

杨革. 1994. 灵芝氨基酸研究[J]. 氨基酸和生物资源, 4(04):12–14.

杨桂文, 安利国, 孙忠军. 1999. 单环刺蝎营养成分分析[J]. 海洋科学(06): 3–5.

杨树奇. 2010. 军曹鱼鱼皮胶原蛋白的提取及其功能特性的研究[J]. 湛江：广东海洋大学.

杨玉品. 2011. 单环刺蝎（*Urechis unicinctus*）多糖的分离纯化和结构研究[D]. 青岛：中国海洋大学.

殷红玲, 马媛, 王璐, 等. 2007. 虾夷扇贝内脏多糖的提取及清除羟基自由基作用的研究[J]. 水产科学(05): 255–258.

应雪萍, 童莉里, 黄晓雷. 2005. 可口革囊星虫消化道的形态及组织学结构[J]. 动物学杂志, 4(05):14–20.

于运海, 周大勇, 孙黎明, 等. 2009. 虾夷扇贝脏器硫酸酯多糖的制备及性质研究[J]. 食品科学, 30(06): 68–71.

郁淼. 2014. 海参化皮病防治方法[N]. 中国渔业报, 06–16(B02).

袁春营, 崔青曼, 孙会芳, 等. 2011. 四角蛤蜊糖胺聚糖的分离纯化及功能活性研究[J]. 安徽农业科学, 39(10): 5882–5884+5886.

张佩文, 骆苏芳, 钟春宁, 等. 1988. 玉足海参酸性粘多糖的抗凝血作用[J]. 中国药理学与毒理学杂志(02): 98–101.

张晓晓, 刘峰, 刘春娥, 等. 2018. 响应面法优化酶解单环刺蝎内脏多肽的工艺研究[J]. 食品研究与开发, 39(19): 52–57.

张志峰, 王思锋, 霍继革, 等. 2006. 单环刺蝎对硫化物暴露的呼吸代谢适应[J]. 中国海洋大学学报（自然科学版）(04): 639–644.

赵欢, 韩宝芹, 刘万顺, 等. 2008. 单环刺蝎多肽抗肿瘤及对小鼠免疫功能的调节作用[J]. 中国天然药物(04): 302–306.

赵伟, 高保燕, 黄罗冬, 等. 2019. 微藻及其生物活性成分在水产养殖中的营养价值、生理功能和抗病活性[J]. 饲料工业, 40(08):9–16.

赵玉涵, 王振洁. 2018. 南美白对虾优质高效养殖模式单环刺螠最适混养密度研究[J]. 江西水产科技(03): 6–9.

赵月钧. 2015. 星虫爱氏海葵多糖分离纯化、结构鉴定及体外活性研究[D]. 杭州: 浙江工业大学.

郑岩, 白海娟, 王亚平. 2006. 单环刺螠对水温、盐度和pH的耐受性的研究[J]. 水产科学(10): 513–516.

周顿, 谢跃洋, 魏茂凯, 等. 2018. 单环刺螠engrailed和hedgehog基因在体壁中的表达特征[J]. 海洋通报, 37(01): 99–103.

周红, 李凤鲁. 2007. 中国动物志 无脊椎动物（第46卷）: 星虫动物门 螠虫动物门[M]. 北京: 科学出版社.

朱佳利, 陈依莎, 牛庆凤, 等. 2015. 单环刺螠体壁多糖的分离纯化、理化性质及抗脂质过氧化活性[J]. 食品科学, 36(08): 162–166.

朱琦. 2009. 单环刺螠纤溶酶分离纯化、免疫原性及其基因克隆的初步研究[D]. 青岛: 中国海洋大学.

朱森君, 陈米娜, 牛庆凤, 等. 2015. 单环刺螠内脏多糖结构的分析及其对脂质过氧化物的清除作用[J]. 食品科学, 36(05): 67–71.

朱晓莹, 甘宏涛, 孟霄, 等. 2019. 镉对单环刺螠非特异性免疫及组织蓄积的影响[J]. 生态毒理学报, 14(01): 106–115.

朱元镇, 刘婧仪, 于常红. 2018. 溶菌酶的研究进展及应用[J]. 山东医学高等专科学校学报, 40(03): 207–210.

ABE H, SATO-OKOSHI W, TANAKA M, et al. 2014. Swimming behavior of the spoon worm *Urechis unicinctus* (Annelida, Echiura)[J]. Zoology (Jena, Germany), 117(3):216–223.

ANDREAS H, MATTHIAS O, ALEXANDROS S, et al. 2009. Assessing the root of bilaterian animals with scalable phylogenomic methods[J]. Proceedings. Biological sciences, 276:4261–4270.

BARTOLOMAEUS T, PURSCHKE G, HAUSEN H. 2005. Polychaete phylogeny based on morphological data – a comparison of current attempts[J]. Hydrobiologia, 535–536(1): 341–356.

BEREC L, SCHEMBRI P J, BOUKAL D S. 2005. Sex determination in *Bonellia viridis* (Echiura: Bonelliidae): population dynamics and evolution[J]. Oikos, 108(3):473–484.

BISESWAR R. 1997. A new record of a deep-sea echiuran (Phylum: Echiura) from the east coast of southern Africa[J]. South African Journal of Zoology, 32(2):53–55.

BISESWAR R. 2009. The geographic distribution of echiurans in the Atlantic Ocean (Phylum Echiura)[J]. Zootaxa, 2222:17–30.

BISESWAR R. 2012. First record of the echiuran *Anelassorhynchus porcellus* Fisher, 1948 from the east coast of southern Africa (Echiura: Echiuridae)[J]. African Zoology, 47(1):178–181.

BISESWAR R. 2012. Zoogeography of the echiuran fauna of the East Pacific Ocean (Phylum: Echiura)[J]. Zootaxa, 3479:69–76.

BISESWAR R. 2015. A new species of deep-sea Bonelliidae, *Vitjazema micropapillosa* (Phylum: Echiura), from the North Atlantic Ocean[J]. Proceedings of the Biological Society of Washington, 128(4):200–203.

BISESWAR R. 2019. The echiuran fauna of southern Africa (Class: Echiura, Phylum: Annelida)[J]. African Zoology, 54(2):73–90.

RYU B, KIM M J, HIMAYA S W A, et al. 2014. Statistical optimization of high temperature/pressure and ultra-wave assisted lysis of *Urechis unicinctus* for the isolation of active peptide which enhance the erectile function in vitro[J]. Process Biochemistry, 49(1).

BOURLAT S J, NIELSEN C, ECONOMOU A D, et al. 2008. Testing the new animal phylogeny: A phylum level molecular analysis of the animal kingdom[J]. Molecular Phylogenetics and Evolution, 49(1): 23–31.

EKDALE A A, LEWIS D W. 1991. Trace fossils and paleoenvironmental control of ichnofacies in a late Quaternary gravel and loess fan delta complex, New Zealand[J]. Palaeogeography, Palaeoclimatology, Palaeoecology, (81): 253–279.

FISHER W K, MACGINITIE G E. 1928. A new echiuroid worm from California[J]. Journal of Natural History Series, 10 (1):199–204.

FRANZEN A, FERRAGUTI M. 1992. Ultrastructure of Spermatozoa and Spermatids in *BonelliaViridis and Hamingia arctica* (Echiura) with some phylogenetic considerations[J]. Acta Zoologica, 73(1):25–31.

GOTO R, MONNINGTON J, SCIBERRAS M, et al. 2020. Phylogeny of Echiura updated, with a revised taxonomy to reflect their placement in Annelida as sister group to Capitellidae[J]. Invertebrate Systematics, 34(1):101–111.

GOTO R, OKAMOTO T, ISHIKAWA H, et al. 2013. Molecular phylogeny of echiuran worms (Phylum: Annelida) reveals evolutionary pattern of feeding mode and sexual dimorphism[J].

PloS one, 8(2).

GOTO R. 2016. A comprehensive molecular phylogeny of spoon worms (Echiura, Annelida): Implications for morphological evolution, the origin of dwarf males, and habitat shifts[J]. Mol Phylogenet Evol, 99:247–260.

HESSLING R. 2003. Novel aspects of the nervous system of *Bonellia viridis* (Echiura) revealed by the combination of immunohistochemistry, confocal laser-scanning microscopy and three-dimensional reconstruction[J]. Hydrobiologia, 496(1–3):225–239.

HUANG J, ZHANG L T, LI J L, et al. 2013. Proposed function of alternative oxidase inmitochondrial sulfide oxidation detoxification in the Echiuran worm, *Urechis unicinctus*[J]. Journal of the Marine Biological Association of the United Kingdom, 93(8): 2145–2154.

HUGHES D J, ANSELL A D, ATKINSON R J A. 1996. Distribution, ecology and life-cycle of *Maxmuelleria lankesteri* (Echiura: Bonelliidae): A review with notes on field identification[J]. Journal of the Marine Biological Association of the United Kingdom, 76(4):897–908.

IIKEDA T, MINAKATA H, NOMOTO K, et al. 1993. Two Novel Tachykinin-Related Neuropeptides in the Echiuroid Worm, *Urechis unicinctus*[J]. Biochem Biophys Res Commun, 192(1):0–6.

JACCARINI V, AGIUS L, SCHEMBRI P J , et al. 1983. Sex Determination And Larval Sexual Interaction in *Bonellia viridis* Rolando (Echiura, Bonelliidae)[J]. Journal of Experimental Marine Biology And Ecology, 66(1):25–40.

JUNG W K, KIM S K. 2008. Purification and characterization of a novel anticoagulant peptide from marine echiuroid worm, *Urechis unicinctus*[J]. Journal of Biotechnology, 136.

KAWADA T, FURUKAWA Y, SHIMIZU Y, et al. 2002. A novel tachykinin-related peptide receptor: Sequence, genomic organization, and functional analysis[J]. FEBS Journal, 269(17):4238–4246.

KAWADA T, MASUDA K, SATAKE H, et al. 2001. Identification of multiple urechistachykinin peptides, gene expression, pharmacological activity, and detection using mass spectrometric analyses[J]. Peptides, 21(12):1777–1783.

KAWADA T, SATAKE H, MINAKATA H, et al. 1999. Characterization of a novel cDNA sequence encoding invertebrate Tachykinin-related peptides isolated from the Echiuroid worm, *Urechis unicinctus*[J]. Biochemical & Biophysical Research Communications, 263(3):0–852.

LEHANE J R, EKDALE A A. 2013. Pitfalls, traps, and webs in ichnology: Traces and trace fossils of an understudied behavioral strategy[J]. Palaeogeography, Palaeoclimatology, Palaeoecology, 2013(375):59–69.

LEHRKE J, BARTOLOMAEUS T. 2009. Comparative morphology of spermatozoa in Echiura[J]. Zoologischer Anzeiger, 248(1):35–45.

MACGINITIE G E, MACGINITIE N. 1968. Natural History of Marine Animals, 2nd ed[M]. McGraw-Hill, New York.

MAIOROVA A S, ADRIANOV A V. 2018. Deep-sea spoon worms (Echiura) from the Sea of Okhotsk and the adjacent slope of the Kuril-Kamchatka Trench[J]. Deep-Sea Research Part Ii-Topical Studies in Oceanography, 154:177–186.

MAIOROVA A S, ADRIANOV A V. 2020. Biodiversity of echiurans (Echiura) of the Kuril-Kamchatka Trench area[J]. Progress in Oceanography, 180.

MAK P, WÓJCIK K, SILBERRING J, et al. 2000. Antimicrobial peptides derived from heme-containing proteins: Hemocidins[J]. Antonie van Leeuwenhoek, 77(3):197–207.

MARIN I. 2014. The first record of an association between a pontoniine shrimp (Crustacea: Decapoda: Palaemonidae: Pontoniinae) and a thalassematid spoon worm (Echiura: Thalassematidae), with the description of a new shrimp species[J]. Zootaxa, 3847(4):557–66.

OESCHGER R, VETTER R D. 1992. Sulfide detoxification and tolerance in *Halicryptus spinulosus* (Priapulida): a multiple strategy[J]. Marine Ecology Progress Series, 87(2): 167–179.

PACE J M, CORRADO M, MISSERO C, et al. 2003. Identification, characterization and expression analysis of a new fibrillar collagen gene, COL27Al[J]. Matrix Biology, 22(1):3–14.

POPKOV D V. 1992. A new echiuran species *Thalassema malakhovi* (Echiura) from New-Zealand[J]. New Zealand Journal of Marine And Freshwater Research, 26(3–4):379–383.

RENÉ H, WILFRIED W. 2002. Are Echiura derived from a segmented ancestor? Immunohistochemical analysis of the nervous system in developmental stages of *Bonellia viridis*[J]. Journal of morphology, 252(2):100–113.

RICKETTS E F, CALVIN J. 1968. Between Pacific Tides, 4th ed[M]. Stanford University Press, Stanford, CA.

ROGERS A D, NASH R D M. 1996. A new species of *Ochetostoma* (Echiura, Echiuridae) found in the azores with notes on its ecology[J]. Journal of the Marine Biological Association of the United Kingdom, 76(2):467–478.

ROUSSET V, PLEIJEL F, ROUSE G W, et al. 2007. A molecular phylogeny of annelids[J]. Cladistics, 23:41–63 .

SHARMILA A, MADHAV B. 2008. H$_2$S-induced pancreatic acinar cell apoptosis is mediated via JNK and p38 MAP kinase[J]. Journal of cellular and molecular medicine, 12(4).

SIGMUND V S, HAUG T, HANS-MATTI B, ET AL et al. 2011. Antimicrobial peptides from marine invertebrates: challenges and perspectives in marine antimicrobial peptide discovery[J]. Biotechnology advances, 29(5).

STRUCK T H, SCHULT N, KUSEN T, et al. 2007. Annelid phylogeny and the status of Sipuncula and Echiura[J]. BMC evolutionary biology, 7:57.

SUNG W S, PARK S H, LEE D G. 2008. Antimicrobial effect and membrane-active mechanism of Urechistachykinins, neuropeptides derived from *Urechis unicinctus*[J]. FEBS Letters, 582(16): 2463–2466.

TANAKA M, KON T, NISHIKAWA T. 2014. Unraveling a 70-year-old taxonomic puzzle: redefining the genus *ikedosoma* (Annelida: Echiura) on the basis of morphological and molecular analyses[J]. Zoolog Sci, 31(12):849–861.

TANAKA M, NISHIKAWA T. 2013. A new species of the genus Arhynchite (Annelida, Echiura) from sandy flats of Japan, previously referred to as *Thalassema owstoni Ikeda*, 1904[J]. ZooKeys, (312).

TILIC E, LEHRKE J, BARTOLOMAEUS T. 2015. Homology and evolution of the chaetae in Echiura (Annelida)[J]. PLoS One, 10(3):e0120002.

WEI M, LU L, WANG Q, et al. 2019. Evaluation of suitable reference genes for normalization of RT-qPCR in Echiura (*Urechis unicinctus*) during developmental process[J]. Russian Journal of Marine Biology, 45(6):464–469.

YOUNG C M, SEWELL M A, RICE M E. 2002. Atlas of Marine Invertebrate Larvae[M]. Academic Press, USA.

OH H Y, KIM C H ,GO H J, et al. 2018. Isolation of an invertebrate-type lysozyme from the nephridia of the echiura, *Urechis unicinctus,* and its recombinant production and activities[J]. Fish & Shellfish Immunology.

后 记

15年前，生长于内陆的我首次到山东沿海求学，在青岛汇泉湾附近一个小酒店的暂养水池中初识单环刺螠（海肠）。当时确实被其特异的形态所吸引，驻足观看良久，心中一边感叹着造物者的心思和海洋生物的神秘，一边在想这东西从哪里来，能食用吗？

10年前，经过系统的理论学习和实际操作磨炼，对海洋生物特别是人工育养的品种已有了部分了解的我，来到中科院烟台海岸带研究所工作。在为同学们举行的一次欢迎宴会上，再次接触到了海肠。第一次品味其独特的鲜美味道，一边听着学长们卓有情趣的介绍，一边思索是否可从它入手，开展自己今后的研究工作。

于是从第一次构建其转录组文库开始，克隆基因、表达蛋白、探索功能、测试效果；而后接触育苗养殖，从行为学观察、生物特征分析、一直到工艺摸索、产品开发，慢慢的解析其背后隐藏的秘密。

时光荏苒，转瞬间，那个面对即将到来的生活一脸懵懂无知的少年，皱纹无声布眼角，青丝渐已成华发。回首往事虽已烟云渐散，瞻望前程依旧任重道远。深知对单环刺螠（海肠）的理解、认知仍远远不足。但面对感兴趣的学生和同行，也愿将所知倾囊诉说，以此共勉共学。

付梓之际，由衷感谢所有为本书成稿提供鼓励、支持和帮助的同仁。中国科学院烟台海岸带所杨红生、秦松老师苦口婆心的劝说和孜孜不倦的指导给予了我极大信心；从事单环刺螠（海肠）研究大半生的唐永政、王力勇老师多次给出建议，使我受益匪浅。同时研究组中的各位同事，如李文军、李莉莉老师等均予以帮助。许多现场图片来自从事海水养殖和加工行业数十年的企业，在此一并致谢。

与单环刺螠（海肠）结缘，与诸多志同道合的人共探共商，实乃此生荣幸。相信随着海肠研究和开发利用的进一步深入，会有更多的精彩与欣喜不断呈献……

著者

2020年夏于莱州湾畔